新技术技能人才培养系列教程

互联网 UI 设计师系列

北京课工场教育科技有限公司
出品

U0277359

边练边学
网页 UI 商业项目设计实战

肖睿 张敏 谢思 / 主编

孙玉珍 鹿建银 杨怡 / 副主编

人 民 邮 电 出 版 社

北 京

图书在版编目（ＣＩＰ）数据

网页UI商业项目设计实战 / 肖睿，张敏，谢思主编
. -- 北京 ： 人民邮电出版社，2019.7（2024.6重印）
（边练边学）
新技术技能人才培养系列教程
ISBN 978-7-115-51194-2

Ⅰ．①网… Ⅱ．①肖… ②张… ③谢… Ⅲ．①网站—
开发—程序设计—教材 Ⅳ．①TP393.092

中国版本图书馆CIP数据核字(2019)第081737号

内 容 提 要

本书详细讲解了不同类型 Web 端 UI 商业项目的设计理论、设计思路以及实际案例制作过程。
全书共 8 章，具体包括网页 UI 设计概述、营销类网站首页 UI 设计、教育类网站着陆页 UI 设计、招聘类网站专题页 UI 设计、游戏类网站改版 UI 设计、企业网站信息管理后台 UI 设计、平台类商城 UI 设计以及电商类店铺首页 UI 设计。

全书采用案例驱动的方式，让读者掌握不同行业、不同类型网站的设计规范和设计方法，并能够按照企业需求制作完整的企业网站。本书适合作为相关设计专业的教材，也适合作为 UI 设计爱好者和 Web 端界面设计人员的参考用书。

* 主　　编　肖　睿　张　敏　谢　思
　副 主 编　孙玉珍　鹿建银　杨　怡
　责任编辑　祝智敏
　责任印制　马振武

* 人民邮电出版社出版发行　　北京市丰台区成寿寺路 11 号
　邮编　100164　　电子邮件　315@ptpress.com.cn
　网址　http://www.ptpress.com.cn
北京九州迅驰传媒文化有限公司印刷

* 开本：787×1092　1/16
　印张：13.5　　　　　　　　　2019 年 7 月第 1 版
　字数：320 千字　　　　　　　2024 年 6 月北京第 8 次印刷

定价：69.80 元

序　言

丛书设计

互联网产业在我国经济结构的转型升级过程中发挥着重要的作用。当前，方兴未艾的互联网产业在我国有着十分广阔的发展前景和巨大的市场机会，这意味着行业需要大量的与市场需求匹配的高素质人才。

在新一代信息技术浪潮的推动下，各行各业对UI设计人才的需求迅速增加。许多刚刚走出校门的应届毕业生和有着多年工作经验的传统设计人员，由于缺乏对移动端App、新媒体行业的理解，缺乏互联网思维和前端开发技术等，导致他们所掌握的知识和技能满足不了行业、企业的要求，因此很难找到理想的UI设计师工作。基于这种行业现状，课工场作为IT职业教育的先行者，推出了"互联网UI设计师系列"教材。

本丛书提供了集基础理论、创意设计、项目实战、就业项目实训于一体的教学体系，内容既包含UI设计师必备的基础知识，也增加了许多行业新知识和新技能的介绍，旨在培养专业型、实用型、技术型人才，在提升读者专业技能的同时，增强他们的就业竞争力。

丛书特点

1. 以企业需求为导向，以提升就业竞争力为核心目标

满足企业对人才的技能需求，提升读者的就业竞争力是本丛书的核心编写原则。课工场"互联网UI设计师"教研团队对企业的平面UI设计师、移动UI设计师、网页UI设计师等人才需求进行了大量实质性的调研，将岗位实用技能融入教学内容中，从而实现教学内容与企业需求的契合。

2. 科学、合理的教学体系，关注读者成长路径，培养读者实践能力

实用的教学内容结合科学的教学体系、先进的教学方法才能达到好的教学效果。本丛书为了使读者能够目的明确、条理清晰地学习，秉承了以学习者为中心的教育思想，循序渐进地培养读者的专业基础、实践技能、创意设计能力，并使其能制作和完成实际项目。

本丛书改变了传统教材以理论讲授为重的写法，从实例出发，以实践为主线，突出实战经验和技巧传授，以大量操作案例覆盖技能点的方式进行讲解；对读者而言，容易理解，便于掌握，能有效提升实用技能。

3. 教学内容新颖、实用，创意设计与项目实操并行

本丛书既讲解了互联网UI设计师所必备的专业知识和技能（如Photoshop、

Illustrator、After Effects、Cinema 4D、Axure、PxCook等工具的应用，网站配色与布局、移动端UI设计规范等），也介绍了行业的前沿知识与理念（如网络营销基本常识、符合SEO标准的网站设计、登录页设计优化、电商网站设计、店铺装修设计、用户体验与交互设计）。一方面通过基本功训练和优秀作品赏析，使读者能够具备一定的创意思维；另一方面提供了涵盖电商、金融、教育、旅游、游戏等诸多行业的商业项目，使读者在项目实操中了解流程和规范，提升业务能力，发挥自己的创意才能。

4. 可拓展的互联网知识库和学习社区

读者可配合使用课工场App进行二维码扫描，观看配套视频的理论讲解和案例操作等。同时，课工场官网开辟教材专区，提供配套素材下载。此外，课工场也为读者提供了体系化的学习路径、丰富的在线学习资源以及活跃的学习交流社区，欢迎广大读者进入学习。

读者对象

- ➢ 高校学生
- ➢ 初入UI设计行业的新人
- ➢ 希望提升自己，紧跟时代步伐的传统美工人员

致谢

本丛书由课工场"互联网UI设计师"教研团队组织编写。课工场是北京大学旗下专注于互联网人才培养的高端教育品牌。作为国内互联网人才教育生态系统的构建者，课工场依托北京大学优质的教育资源，重构职业教育生态体系，以读者为本，以企业为基，为读者提供高端、实用的教学内容。在此，感谢每一位参与互联网UI设计师课程开发的工作人员，感谢所有关注和支持互联网UI设计师课程的人员。

感谢您阅读本丛书，希望本丛书能成为您踏上UI设计之旅的好伙伴！

丛书编委会

前　　言

Web端界面设计作为视觉设计领域中的重要组成部分，在视觉设计类课程教学中具有十分重要的地位，也是相关从业人员必须掌握的一门技能。

本书顺应互联网发展趋势，以当前视觉设计潮流为导向，选取了电子数码、教育、招聘、游戏、电商等领域的商业案例，详细讲解了不同类型Web端UI商业项目的设计思路、设计理论以及实际案例制作过程。

读者学习完本书后，不仅能掌握不同领域的网页UI设计规范以及设计方法，并且能按照企业的项目需求，熟练使用Photoshop等相关设计软件制作出符合市场需求、美观、大方的网页界面。

本书设计思路

全书共8章，各章内容简介如下。

第1章：讲解了网页的常见分类、构成元素以及网页开发的基本流程；全面讲解了网页设计的基本流程、网页布局的基本原则、网页配色的基本方法以及网页图片的应用原则；重点讲解了网页切片的编辑以及切片的常用技巧。

第2章：讲解了营销类企业网站在建站目标、页面内容、网站功能等方面与普通企业网站的区别；讲解了营销类企业网站的设计要点；以联想官方网站首页为例，分析了营销类企业网站首页UI设计的思路以及操作过程。

第3章：讲解了着陆页的概念、页面特征、页面结构、常见分类等理论知识；讲解了着陆页的展现形式、布局类型以及配色原理；以完胜教育着陆页为例，分析了企业网站着陆页UI设计的思路以及制作过程。

第4章：讲解了活动专题页与节日专题页在设计中需要注意的事项，专题页的常见结构以及常见风格；以搜猎网为例，讲解了招聘类网站专题页UI设计的思路以及制作过程。

第5章：讲解了企业网站改版的原因、原则以及流程等理论知识；以秦门争霸为例，讲解了游戏类官方网站改版的思路以及案例制作过程。

第6章：讲解了网页设计中常见的三类后台产品；以北大青鸟OA系统为例，全面讲解了企业网站信息管理后台UI设计的思路以及案例制作过程。

第7章：讲解了电商平台的常见功能以及基本结构等知识；以天猫商城为例，全面讲解了电商平台UI设计中的需求分析以及实现过程。

第8章：讲解了电商类店铺中常见的4种页面：首页、详情页、关联页以及列表页；以三星天猫旗舰店为例，展示了店铺装修的分析思路以及实际操作过程。

各章结构

学习目标：即读者应掌握的知识和技能，可以作为检验学习效果的标准。

本章简介：介绍本章内容的背景和本章重点内容。

技术内容：以案例为驱动剖析技能点，带领读者完成相应演示案例的制作。

本章作业：让读者灵活应用本章的学习内容，设计出同类型网页界面。

本书提供了便捷的学习体验，读者可以直接访问课工场官网教材专区下载书中所需的案例素材，也可扫描二维码观看书中配套的视频。

本书由课工场"互联网UI设计师"教研团队组织编写，参加编写的还有张敏、谢思、张玉珍、鹿建银、杨怡等院校老师。尽管编者在写作过程中力求准确、完善，但书中不妥或疏漏之处仍在所难免，殷切希望广大读者批评指正！

关于引用作品的版权声明

为了方便读者学习，促进知识传播，使读者能够接触到更多优秀的作品，本书选用了一些知名网站和公司企业的相关内容作为学习案例。这些内容包括：企业Logo、宣传图片、手机App设计、网站设计等。为了尊重这些内容所有者的权利，特此声明，凡本书中涉及的版权、著作权、商标权等权益，均属于原作品版权人、著作权人、商标权人。

为了维护原作品相关权益人的权益，现对本书选用的主要作品和出处给予说明（排名不分先后）。

序号	选用的作品	版权归属
1	联想集团官方网站	联想集团
2	苹果公司官方网站	苹果公司
3	天猫商城网站	阿里巴巴集团
4	三星天猫旗舰店	三星集团
5	佳卓科技官方网站	西安佳卓科技发展有限公司
6	优酷视频网站	优酷信息技术（北京）有限公司
7	新浪网站	新浪公司
8	小米商城	北京小米科技有限责任公司
9	华为天猫旗舰店	华为技术有限公司
10	中国铁路客户服务中心	中国铁路总公司
11	亚马逊官方网站	亚马逊公司
12	京东商城	北京京东世纪贸易有限公司

以上列表中并未全部列出本书所选用的作品。在此，我们衷心感谢所有原作品的相关版权权益人及所属公司对职业教育的大力支持！

智慧教材使用方法

由课工场"大数据、云计算、全栈开发、互联网UI设计、互联网营销"等教研团队编写的系列教材，配合课工场App及在线平台的技术内容更新快、教学内容丰富、教学服务反馈及时等特点，结合二维码、在线社区、教材平台等多种信息化资源获取方式，形成独特的"互联网＋"形态——智慧教材。

智慧教材为读者提供专业的学习路径规划和引导，读者还可体验在线视频学习指导，按如下步骤操作可以获取案例代码、作业素材及答案、项目源码、技术文档等教材配套资源。

1. 下载并安装课工场App。

（1）方式一：访问网址www.ekgc.cn/app，根据手机系统选择对应课工场App安装，如图1所示。

图1　课工场App

（2）方式二：在手机应用商店中搜索"课工场"，下载并安装对应App，如图2和图3所示。

图2　iPhone版手机应用下载　　　　　图3　Android版手机应用下载

2．登录课工场App，注册个人账号，使用课工场App扫描书中二维码，获取教材配套资源，依照图4～图6所示的步骤操作即可。

图4　定位教材二维码

图5　使用课工场App"扫一扫"扫描二维码

图6　使用课工场App免费观看教材配套视频

3．获取专属的定制化扩展资源。

（1）普通读者请访问www.ekgc.cn/bbs的"教材专区"版块，获取教材所需开发工具、教材中示例素材及代码、上机练习素材及源码、作业素材及参考答案、项目素材及参考答案等资源（注：图7所示网站会根据需求有所改版，仅供参考）。

图7　从社区获取教材资源

（2）高校老师请添加高校服务QQ：1934786863（二维码如图8所示），获取教材所需开发工具、教材中示例素材及代码、上机练习素材及源码、作业素材及参考答案、项目素材及参考答案、教材配套及扩展PPT、PPT配套素材及代码、教材配套线上视频等资源。

图8　高校服务QQ

目　　录

第 1 章

网页UI设计概述

学习目标

➤ 了解网页的常见分类、网页UI（User Interface，用户界面）的构成元素，以及网站开发的基本流程等理论知识。

➤ 熟悉网页UI设计的基本流程，掌握网页布局、配色以及图像编辑的方法。

➤ 理解网页切片的对象、切片的方式以及切片的命名等理论知识。

➤ 掌握单个切片、连续切片以及透明背景切片的输出方法。

➤ 掌握网页切片的移动、复制、划分以及组合方式。

本章简介

据《中国互联网发展报告2018》显示：截至2017年年底，我国网页数量达2664亿个，年增长率为10.3%。其中，静态网页数量为1969亿个，动态网页数量为695亿个。在当今这个信息爆炸的时代，网页数量呈几何级数增长的同时，网民对于网页界面的要求也在不断提高。

在满足网页基本功能需求的前提下，网页界面更需要在视觉表现方面给予网民舒适的阅读体验和友好的交互体验。为此，在网站开发建设与维护的过程中，需要优秀的网页UI设计师进行精心的视觉设计。本章将针对网页UI设计的相关理论进行详细的讲解，包括网页的类型和特点、网页布局的原则、网页的切片方法等内容。

1.1 网页概述

1.1.1 网页的常见分类

参考视频：网页UI商业项目管理规范

网页按照页面布局方式、实现技术以及应用类型等的不同，可以分为不同的类别。按照页面布局方式划分，网页可分为垂直分布式网页、水平布局式网页、瀑布流式网页以及视差滚动式网页等类型。按照实现技术划分，网页可分为HTML类型的网页、Flash类型的网页以及综合运用类型的网页。最为常见的是按照应用类型划分，分为综合门户类网站网页、多媒体互动类网站网页、搜索引擎类网站网页、电子商务类网站网页、机构企业类网站网页以及推广展示类网站网页等。

1．综合门户类网站网页

综合门户类网站是展示各类互联网信息资源并提供综合信息服务的网站。在全球范围内，比较著名的综合门户网站是谷歌与雅虎。我国综合门户网站的代表有：新浪网、网易、搜狐以及腾讯。综合门户网站通常把各种资讯汇集到一个平台上，采用统一的界面供用户浏览，涵盖的资讯包括新闻、财经、体育、论坛、免费邮箱、博客、影音资讯、网络社区、网络游戏等。图1-1所示为新浪网页面。

图1-1　新浪网页面

2．多媒体互动类网站网页

多媒体是指在计算机系统中组合两种及两种以上媒体元素的人机交互式信息交流和传播媒体。网页中常见的媒体元素包括文字、图像、照片、声音、动画、影片等。Web 2.0时代的网页摒弃了Web 1.0时代以信息发布为主的网页表现形式，更强调网页的互动性。多媒体互动类网站充分调动用户的能动性，为他们提供多种互动的功能。常见的多媒体互动类网站包括优酷网、土豆网、新浪博客、人人网以及各类微博。图1-2所示为优酷网页面，用户除了可以在线浏览视频以外，还可以在线发布和分享视频的内容。

图1-2　优酷网页面

3. 搜索引擎类网站网页

搜索引擎类网站的工作原理是按照搜索词排名，通过索引数据库发现新网页并抓取文件。常见的搜索引擎类网站包括百度搜索、360搜索、必应搜索、谷歌搜索等。搜索引擎类网站的页面集合了较多网址，并按照一定标准对其进行分类。用户通过搜索引擎类网站，可以快速找到自己需要的内容，如图1-3所示。

图1-3　360导航网页面

4. 电子商务类网站网页

电子商务类网站是供买卖双方通过互联网实现交易的网络平台。图1-4所示为天猫商城页面，消费者与商家通过电子商务网站可进行网上交易、在线支付等商务活动。

图1-4　天猫商城页面

5. 机构企业类网站网页

机构企业类网站是指党政机关、企事业单位、社会团体的官方网站，主要展示机构企业的品牌形象、历史规模、产品活动并提供相应的服务。机构企业类网站数量非常庞大，诸如中国政府网、中国铁路官方网站、中国法学会官方网站、华为公司官方网站等都是。图1-5所示为中国铁路官方网站，用户可在线购票、查票、退票、查询路线等。

图1-5　中国铁路官方网站页面

6. 推广展示类网站网页

推广展示类网站是为实现某种特定的营销目标而开发的网站，基于企业或个人营销推广目标进行站点规划，能帮助用户有效利用多种手段获得商业机会，提升产品销售业绩、品牌知名度或个人影响力。推广展示类网站主要包括名人政要的个人风采展示、产品服务的特色罗列两种类型。图1-6所示为小米商城网站，主要用来展示小米公司最新的产品。

图1-6　小米商城页面

1.1.2　网页UI的构成元素

网页通过文字、图像、声音、视频等多媒体元素向用户传递信息。网页UI设计师在进行界面设计时，要对其元素进行合理的布局和配置，帮助用户流畅地浏览界面内容、快速捕捉到必要的信息，并获得舒适的视觉体验。

一般而言，网页UI设计师需要解决文字元素的排版布局、图像元素的编辑处理、色彩元素的搭配设计以及交互控件的合理设定等核心问题。

1. 文字元素

文字是网页中最主要的元素，是网页中传达信息最基本的形式。网页中的文字，按照属性可以分为两种类型：活字与图形化文字。

（1）活字。活字是网页编辑器中默认的网页字，可由前端工程师通过CSS样式表对其修饰、美化，用户可以通过鼠标选择和复制。活字在网页中主要应用于新闻小标题、栏目小标题、正文段落以及列表等区域。为了避免用户打开网页时，界面中的字体样式无法正常显示，活字字体一般选择系统安全字体。所谓系统安全字体，是指系统安装时自带的字体。常见的中文系统安全字体为宋体、黑体及微软雅黑，常见的英文系统安全字体为Arial和Times New Roman。如图1-7所示，网页中的活字字体为微软雅黑。

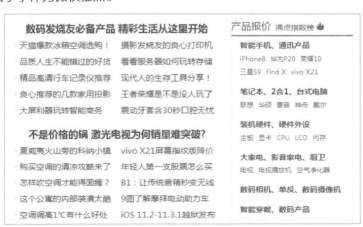

图1-7　网页中的活字

知识链接

设计师在Photoshop中排版网页文字时，中文最小字号一般应大于12px，英文最小字号一般应大于10px。当文字字号较小，笔画边缘出现模糊现象时，设计师可将"消除锯齿方式"设置为"无"。如图1-8所示，设置为平滑类型的字体，所有笔画均出现模糊现象。设置为"无"的像素字体，横平竖直的笔画边缘并未出现模糊现象；撇、捺等无法与像素格对齐的笔画，其边缘通过像素点表示，当放大网页比例时，同样不会出现失真或模糊的现象。

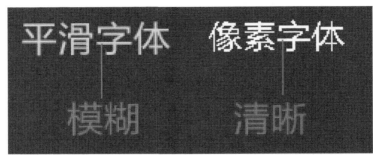

图1-8　平滑字体与像素字体

网页文字参数设置：①字间距：默认值为0。②行间距：150%(18～24px)。③颜色：采用216种网页安全色。如果文字颜色为黑色系，为防止视觉疲劳并考虑颜色统一，设计师会选择#999999、#666666、#333333、#000000等颜色编码（其中#000000颜色最深）。如果文字为全黑色，为防止视觉疲劳，设计师通常会选择#333333颜色编码。④标题文字：在常规文字基础上可放大、加粗，常用字体采用偶数字号，分别为18px、24px、30px、36px。⑤大篇幅文章：字号可以使用12～14px，行间距140%(16～18px)。

（2）图形化文字。图形化文字是网页UI设计师使用图像处理软件将文字转化成图形与符号，并将转化后的文字以图像格式输出，应用于网页UI设计中的字体类型。图形化文字在网页中主要应用于Logo、栏目的主标题、按钮、宣传图像等区域，如图1-9所示。

按钮文字

Logo文字

图标文字

图1-9　图形化文字

与图形化文字相比，网页中的活字占用空间相对较少，但使用活字可提高网页的加载速度，实现自动化更新，便于网站的维护，也便于搜索。

2. 图像元素

图像是网页的重要组成部分，与文字相比，图像能更形象、更全面地传达信息。网页中的图像分类方式有多种。按照编码格式，图像可划分为：JPEG、PNG、GIF、WBMP等；按照功能属性，图像可划分为：主视觉图像、背景图像、缩略图、图标、按钮等。如图1-10所示，在腾讯网汽车频道界面中，图像占据了页面中相当大的篇幅与比例，如果把这些图像全部变成文字，页面会显得非常乏味。

图1-10　腾讯网汽车频道界面

3. 色彩元素

色彩作为装饰美化页面的重要手段，如同网页的"衣饰"，能影响到网页内容的传播效果。网页中的色彩主要是指文字内容的颜色、网页背景的颜色、按钮图标的颜色。网页中的色彩按照应用比例与应用场景，可分为主色、辅助色、背景色与点睛色四大类。如图1-11所示，页面中的主色调为浅黄色、辅助色为白色、背景色为深紫色、点睛色为粉红色。

图1-11　网页的色彩元素

知识扩展

　　图像在页面中占据的视觉区域往往比较大，会在很大程度上影响页面的视觉效果。但是，图像中所携带的色彩并不属于网页设计中的四大主色调。

4．交互控件

　　用户向网页输入指令，计算机经过处理后将结果输出并呈现给用户，这个流程就构成了人机交互的过程。网页中的交互元素是指链接起用户与网页，实现相互交流的控件。网页中常见的交互控件包括：按钮图标、超链接、表单、交互数据、交互动画以及其他定制化功能。

　　随着互联网的发展，网页的交互性也成为衡量一个网站是否新颖、是否具备个性化气质的标准。如图1-12所示，用户在花瓣网注册成功之后，首页就是通过用户自定义生成的，这些版面的选择体现了以用户为中心的服务理念。

图1-12　花瓣网用户自定义首页

1.1.3　网站开发的基本流程

　　在网页UI设计过程中，设计师需遵循一定的网站开发流程。网页UI设计师按照成熟的开发流程进行设计，一方面有助于提高设计效率与设计质量；另一方面，也有利于与开发团队中的其他成员进行有效的沟通合作。网站开发的基本流程如图1-13所示。

1．前期——了解客户需求

　　网站开发前期的主要工作是进行客户需求分析。这部分工作一般由团队中的产品经理或网络营销师负责。但是，网页UI设计师为了拓展自身能力，更好地了解项目需求，可以尽早介入项目的前期工作。网页UI设计师通过了解客户需求，可以有效地提高与项目经理的合作效率，减少沟通的成本，避免信息传递过程中信息量的衰减，从而设计出更符合项目需求和客户需求的网页。

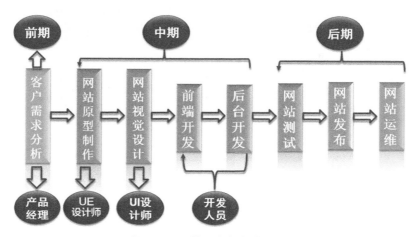

图1-13　网站开发的基本流程

网站开发或改版的需求，通常是由企业客户方或市场部人员，通过会议、邮件、口头传达等方式提出。此阶段需要网页UI设计师重点了解的内容如下：

① 网站开发或改版的目的；

② 网站包含的所有功能需求；

③ 网站功能结构和内容信息；

④ 界面的视觉风格要求和其他特定要求；

⑤ 设计周期计划。

2．中期——视觉设计与程序实现

网站开发中期的主要工作内容包括网站原型的制作、网站视觉设计以及前端的还原实现等。其中网站原型线框图由UE设计师或产品经理完成，图1-14所示为网站的原型线框图；网站视觉效果图由网页UI设计师设计，图1-15所示为网页视觉效果图。

图1-14　网站原型线框图

1
Chapter

图1-15 网站视觉效果图

网页UI设计师在取得网站原型线框图后，需要准备一些素材，这些素材包括文字内容、图像、图形和图标、同行业类似项目的成功案例等。网页UI设计师充分准备素材可以大大提高后续环节的工作效率。

网页前端和后台开发工作一般由程序开发人员完成，部分企业的前端代码也直接由UI设计师完成，这类身兼数职的开发人员被称为网页UI设计开发工程师。网页UI设计开发工程师是具备良好视觉表现能力与扎实代码编写能力的复合型人才，是就业市场的紧缺型人才。

3. 后期——测试发布与维护更新

网站开发完毕后，开发人员还需要对网站进行测试才可以发布。网站上线后，在运营的过程中，开发人员需要根据用户的反馈进行及时的维护与更新。在网站测试的过程中，网页UI设计师需要配合开发人员测试网页功能的还原效果：检查页面效果是否美观、链接是否完好、不同浏览器的兼容性是否合理等。

知识扩展

（1）产品经理（Product Manager，PM）是驱动和影响设计、技术、测试、运营、市场等相关部门人员，推进产品开发，确保产品行驶在正确道路上的管理者。

（2）UI（User Interface，用户界面）设计师是对产品的操作逻辑、人机交互、整体界面进行设计的执行人员。

（3）UE（User Experience，用户体验）设计师是全面分析和体察用户在使用某个系统、某个产品时的感受，并对其进行设计的执行人员。

（4）网络营销师：互联网兴起后产生的一个新型职业，其职责是将互联网技术与市场营销相结合，通过各种技术手段与营销推广方式，迅速提高网站访问量。

1.2 网页UI设计相关理论

深入了解界面设计的基本流程、网页配色的基本原则、网页中图像的处理方法，是网页UI设计师设计出令客户满意的视觉效果的必备条件。

1.2.1 网页UI设计的基本流程

网页UI设计师在了解网页中所有功能的基础上，开始对页面的视觉效果进行设计。网页UI设计师可以按照既定的设计流程开展设计工作，这样做不仅有利于提高设计的效率，而且能保证视觉效果图符合相应的设计规范和客户的目标要求。网页UI设计的基本流程如下。

1. 网页尺寸的设定

随着计算机屏幕尺寸不断加大，UI设计师需要考虑不同尺寸的屏幕适配问题，如果忽略了这方面的工作，会导致背景出现空白。如图1-16所示的是宽度为1024px的网页在宽度为1280px的屏幕中的显示效果，图像左侧与右侧有较大面积的区域由于没有平铺完整而出现一片空白，给人一种残缺的感觉。

图1-16　不同屏幕分辨率下网页效果图

网页UI设计师在设置页面尺寸时，可参考当前各种计算机屏幕分辨率的市场占有率。据广告公司AdDuplex的统计数据显示：截至2017年，全球范围内最主流的PC屏幕分辨率是1366px×768px，市场占有率为33.3%。图1-17所示为AdDuplex发布的PC屏幕市场占有率数据。

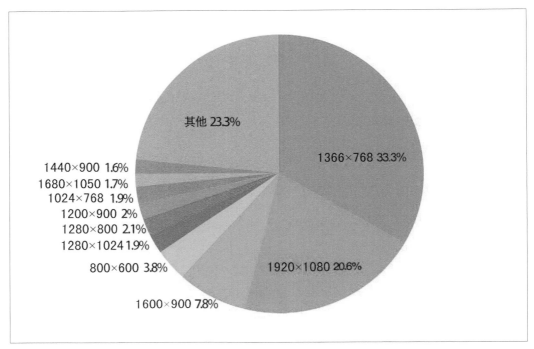

图1-17　2017年PC屏幕市场占有率

网页UI设计往往要考虑最大的屏幕分辨率以及最小的屏幕分辨率，避免出现页面显示不全或大面积空白的现象。目前，有高达3000px×2000px的屏幕分辨率，但是这类屏幕市场占有率不是很高。一般来说，屏幕分辨率相对较高，市场占有率也相对较高的屏幕分辨率是1920px×1080px。截至2017年，其市场占有率为20.6%。因此，网页UI设计师在进行界面设计时，可将页面的宽度设定为1920px。另外，目前市场上最小的屏幕分辨率为800px×600px，但采用该屏幕分辨率的计算机显示器已经基本被淘汰。综合考量最小屏幕分辨率的市场占有率与尺寸，建议网页UI设计师选择1024px×768px（被称为标准屏幕分辨率）的屏幕分辨率。

另外，网页UI设计师在新建文档时，还应注意网页页面精度、文档单位以及颜色模式等参数的设置。网页的页面精度为72像素/英寸，文档单位为像素，颜色模式为RGB。

知识扩展

设计师使用整屏图像时，需将图像居中显示，两边用纯色过渡。网页的高度一般是根据具体内容而定，首屏高度一般控制在750～1000px。纵向滚动一般根据项目需求定义，建议不超过3屏。

另外，设计师在制作网页时可以采用以下几种方法来规避由于屏幕宽度差异导致的页面背景缺失等问题。

（1）设置背景颜色。使用纯色可以很好地适配过宽的屏幕尺寸。版心区域内的网页核心内容不变，背景采用纯色平铺，设计师只需要提供背景颜色的色值即可，如图1-18所示。

图1-18　设置背景颜色

（2）使用无缝连接的背景图像。使用可重复的无缝图案进行背景填充可增加页面质感，既能兼顾视觉表达，又能最大限度减小网页的体积。设计师只需要提供最小可循环的背景图像即可。

2. 使用参考线确定基本结构

在网页UI设计过程中，为了准确地划分区域，使用参考线辅助页面布局是必不可少的步骤。在具体的制作过程中，页面元素的布局要以参考线作为基准。设计师初次使用参考线前，需要设置标尺的单位为px。图1-19所示为使用参考线为网站布局。

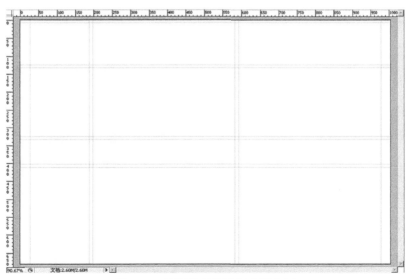

图1-19　使用参考线进行首页布局

部分页面中会有轮廓线或背景色贯穿于几个板块或者是整个页面的情况，这种设计方法被称为"破格"。如图1-20所示，第一阶段的课程表贯穿了蓝色与白色两个模块。网页UI设计师在设计之前，可以将页面的结构线使用参考线区分开来，便于在设计过程中准确定位。

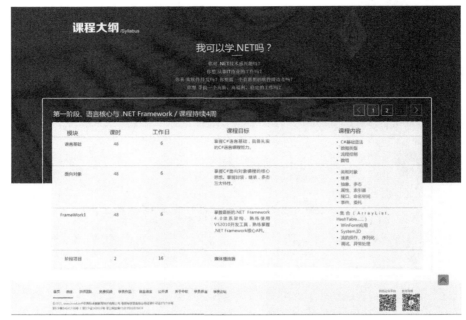

图1-20　网页应用"破格"的设计

3. 界面设计

网页UI设计师在界面设计过程中，需要把握以下4点。

（1）制作顺序：一般遵循从整体到部分、从上到下的顺序，即从头部区域、主视觉区域、内容区域一直延伸到底部的版权信息区域。

（2）元素定位：根据参考线或结构线对页面元素进行定位，设计师可以在设计过程中根据实际情况对其进行微调。

（3）图层管理：对于比较复杂的内容，设计师可以将其图层转换成智能对象图层进行管理。另外，设计师还应注意图层的命名，当图层较多时，可以使用文件夹对同一模块进行命名。如图1-21所示是按照页面的模块对图层进行整理。

（4）考虑交互状态：网页UI设计师应考虑页面元素在不同情况下的视觉体现。比如在设计按钮的时候，要考虑按钮在普通状态、按下状态以及不可点击状态下，在视觉上的差异。

图1-21　图层的管理

知识链接

智能对象图层是Photoshop CS3以上版本新增的一种功能。智能对象图层的优势：在对其添加滤镜或编辑调整层时，原图层的图像信息不会发生变化；可以有效减少整个文件图层的数量，便于网页UI设计师管理和查找相关图层；一个智能对象图层上发生了变化，复制出来的其他智能对象副本也会发生相应的变化。

1.2.2 网页布局的基本原则

1. 形式服务于内容

这里的内容指的是网页的功能。设计师在设计网站前一定要了解用户光临网站的目的，如：上"百度"是为了搜索信息，上"淘宝"是为了购物。试想如果"百度"失去了搜索功能；"淘宝"失去了购物车和订单功能，那么这些网站对于用户而言就没有存在价值了，可见功能是设计的首位需求。

网页布局属于形式，形式是沟通用户与网站的桥梁。设计师通过打造页面的形式感，优化页面的布局，让用户更易于使用网站。

合理的布局设计首先考虑网站中都有哪些功能，这些功能中哪些最重要，哪些次之，然后将这些功能合理地表述出来。新浪网作为信息量超大的门户网站，导航栏目非常多，设计师在布局时将这部分规划成了多个关联区域并设为通栏，如图1-22所示。

图1-22 新浪导航布局

2. 以用户为中心

无论是门户网站或企业网站，还是盈利性网站或非盈利性网站，它们的直接目的都是服务用户。可以说，用户是网站实现一切目标的核心，有用户才有一切，所以，网页布局应以用户为中心，考虑用户的使用体验。网页UI设计师需要对页面元素与功能进行合理的布局，帮助用户无障碍、快速地浏览页面，找到所需信息。

如图1-23所示，新浪网将邮箱登录功能放置在顶部，是为了让用户可以方便地登录到自己的邮箱；同时将搜索功能放到新闻区域的上面，是为了让用户通过搜索可以直接找到自己需要的信息。这些布局都是根据用户的浏览习惯而设置的，做到了布局的人性化设计。

图1-23 新浪导航与新闻内容

3．主次分明、特点鲜明

布局可以分为两种形式：一种是整体的布局，只绘制出页面的大结构；另一种是局部的布局，包括文字、图像之间的排版。整体布局要让用户知道哪些版块重要，引导用户关注；局部内容的排版布局要力求清晰、美观。

如何在数不清的网站中脱颖而出，给用户留下深刻印象、让用户过目不忘呢？最好的办法是风格突出。个人网站要突出个性风格，企业网站要体现行业的属性以及企业的理念：如"新浪网"是综合门户网站，特点是信息量大，所以页面的纵向滚动较长；"百度搜索"的功能是搜索，布局就要简洁、方便搜索。

1.2.3　网页配色的基本方法

页面的内容、布局及图像都能体现网站要传达的思想，同理，色彩也可以达到与用户交流的目的。优秀的网页 UI 设计师深谙如何恰当地运用色彩来表达设计意图，并加深用户的印象。对于用户来说，色彩传递的信息可以与图像或文本一样令人信服，某些时候甚至要比后两者更强烈。

网页 UI 设计师可根据企业的视觉识别系统（Visual Identity System，VIS）、企业的行业属性以及宣传策划的特定营销需求来确定色彩搭配的方案。

1．基于企业VIS配色

常见的企业VIS包括企业标志、标准字、标准色等内容，网页同样是企业VIS的一部分。网页UI设计师可以参照这些内容确定网页的配色方案。图1-24所示是新浪网旗下不同业务类型网页的头部区域设计，它们在视觉效果上既保持与新浪VIS一致的品牌调性，又体现了不同产品之间的差异化设计。

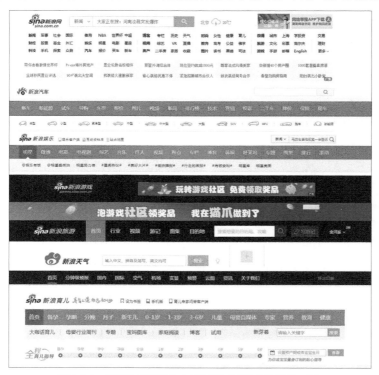

图1-24　新浪网旗下几个网页头部区域设计的对比

2. 基于行业属性配色

网页UI设计师在进行网站配色时，如果遇到企业并没有建立起完善的VIS，那么，可以根据企业所在行业的属性或企业主要业务、主要产品的特点来确定配色方案。如图1-25所示，苹果官网首页，以白色为主色，配合灰色导航条，彰显出电子行业的科技感。图1-26所示为麦当劳的网页，页面以高饱和度的橙色作为主色调，可以很好地刺激用户消费的欲望，同时暖色调能传递出用户至上、服务大众的人文情怀。

图1-25　苹果官方网站首页

图1-26　麦当劳官方网站首页

3. 基于营销目标配色

企业为特定营销活动而改版或设计的网页，往往需要UI设计师根据活动的主题、活动的营销目标进行精心设计。针对特定促销活动的网页，设计师可以选择红色、紫色、黄色等比较有促销氛围的色彩，以吸引消费者的光顾。

卫龙是近年来借势网络热点推广品牌的典型。图1-27所示为卫龙的官方网站，图1-28所示为传奇霸业官方网站。卫龙抓住传奇霸业游戏风靡全国的时机，顺势改版了游戏风格的官方网站，整体页面采用与传奇霸业极为相似的配色风格，获得了年轻消费者的青睐。

图1-27　卫龙官方网站

图1-28　传奇霸业官方网站

无论是设计哪种类型的网站，设计师都应先确定网站要传达的主旨，充分了解企业的特点以及主要目标人群的特点。这些工作都将在配色时作为重要的参考，辅助表达作品的设计意图。

知识扩展

（1）色彩层次要清晰。色彩在视觉引导上起到很大的作用，灵活利用色彩的面积大小、纯度、明度、色性都可以拉开页面的视觉层次。图1-29所示为天猫官方网站首页的视觉层次，总体来讲分为3层，Logo与搜索导航（层次1）使用了红色，垂直分布式导航（层次2）使用了深灰色，这样就拉开了视觉的层次，大幅的轮播图（层次3）使用了鲜艳的配色，使得整体画面层次更加丰富，提升了整个页面的视觉冲击力。

图1-29　利用颜色变化使层次清晰

（2）色彩服务于功能和内容。色彩是服务于功能和内容的表现形式。设计师运用色彩可对个别部分进行强调，也可以划分视觉区域。如图1-30所示，在京东、天猫、苏宁易购网站的首页中，为了强调搜索功能，该部分都用了重于周围色彩的颜色，提醒用户选择搜索类型后要确认搜索，增强了用户的体验感。

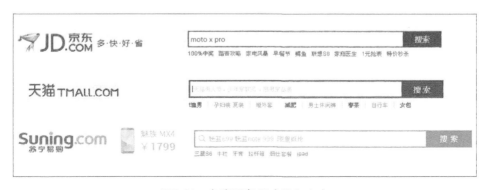

图1-30　色彩服务于功能和内容

1.2.4　网页图像的应用原则

网页响应速度是衡量网站设计是否成功的标准之一，也是影响网站访问量、用户体验的重要因素，所以为网页减负是很有必要的，而图像的合理使用是为网页减负的主要措施之一，具体方法如下。

1. 避免使用尺寸过大的图像

为了营造更强的视觉刺激力，可以使用通栏大图进行设计，但通栏大图在加载时往往容易造成卡顿、迟缓等现象，这就要求网页UI设计师在输出设计页面时，将图像切割成几个部分，让图像分成几个部分进行加载，从而减小浏览器加载的压力。

如图1-31所示，图像被分割成多个小部分，浏览器可以分批次加载图像。网页UI设计师在切割的时候要考虑限制的高度，因为页面默认加载图像时是由上到下显示的。

图1-31　图像分割

另外，在首页，特别是介绍产品的页面，设计师可以使用图像缩略图进行显示，尽量不要将图像以原始大小进行呈现，如图1-32所示。

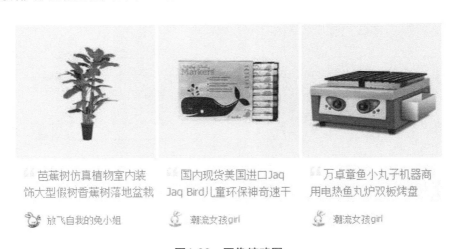

图1-32　图像缩略图

2. 避免使用分辨率过高的图像

网页图像如果分辨率过高，相应的图像体积会增大，从而影响网页的加载速度，导致用户等待时间过长，对网站失去兴趣。网页中图像分辨率的标准尺寸为72像素/英寸，基本能保证画面的清晰度。从网页屏幕显示效果看，过高的图像分辨率所呈现的清晰度，其实与72像素/英寸的清晰度差异不大。所以，网页UI设计师交付给前端工程师的图像，应统一设置为72像素/英寸。

另外，网页UI设计师在制作图像边框时，应避免使用过于复杂的边框效果。因为过于复杂的边框不易于CSS样式的实现，也会加重页面加载的负担。

3. 使用背景图像

使用背景图像可以避免在下载网页时多次读取图像，减轻页面下载负担。图1-33所示为4399小游戏网站使用的背景图像，在显示页面时，由CSS样式控制背景图像的位置就可以多次重复使用，只需加载一次，从而大大提高了网页加载的速度，也方便了页面效果的修改。

图1-33　4399游戏网站使用的背景

1.3 网页切片

1.3.1 网页切片概述

所谓切片，就是将制作好的网页效果图按照网页的模块分割成多个碎片，然后将切片交付前端工程师，由前端工程师通过代码将网页效果实现出来。切片输出是网页UI设计的重要部分。切片输出是否合理直接影响着网页的显示效果和反应速度。切片存在的意义主要是为了提高页面加载速度，节约系统资源。

设计师在制作切片时需要考虑输出的方式。切片输出的方式有两种：一种是为了浏览网页完成效果而做的输出，另一种是为网页提供优化素材而做的输出。常见的切片工具有Fireworks、PxCook、Cutterman、Photoshop等。本章将重点讲解如何在Photoshop中进行网页切片。

1. 切片的对象

在开始切片前，网页UI设计师需要与前端工程师进行沟通，确定需要切片的对象。网页中的文字与纯色背景不需要切片（此处文字指的是网页中的活字，如正文的文字、版权信息区域的文字等）。如果将文字切片，等同于将占用体积较小的文字转换成占用体积较大的图像。纯色背景只需要向前端工程师提供相应的色值，由前端工程师通过CSS样式实现即可。

网页中需要切片的对象包括：图标、按钮、图像、图形化文字、背景纹理等。如图1-34所示，微信图标、"开始游戏"下方的纹理背景、大标题"超霸争夺战"、登录按钮以及背景均为需要切片的对象。而导航栏中的"官网首页"等文字、微信二维码下方的红色背景不需要切片。

图1-34　切片的对象

2. 切片的方式

同一切片对象往往可以有多种切片方式，因此，网页UI设计师需要与前端工程师事先确认好切片的范围，以保证最终上线的效果与视觉设计稿一致。

图1-35所示的手机图标展示了两种切片方式。第一种方式：只切片白色手机的部分，第二种方式：将手机与绿色圆形一起切片。如果只切片白色手机部分，那么网页UI设计师需要向前端工程师提供绿色圆形的色值，所以一般情况下建议将两者都切片输出。除了以上两种切片方式之外，网页UI设计师在切片时还可以将图标下方的蓝色横线一并囊括进来。

图1-35　切片的方式

3. 切片的命名

网页UI设计师输出切片后，需要对切片的名称进行统一的规范化命名。规范的命名方式不仅能体现设计师的专业素养，也能提高设计师与前端工程师的沟通效率。前端工程师通过代码实现网页效果图时，HTML与CSS的编写使用的是规范化的英文，因此，网页UI设计师对切片的命名建议统一使用英文。

当然，部分切片的命名存在简写的情况，如：导航的英文为navigation，前端工程师习惯性将其简写为nav；背景的英文为background，业内约定俗成地简写为bg。其他常见的命名规则可参考表1-1。

表1-1　切片命名规则

中文名	建议命名	中文名	建议命名
导航	nav	栏目	column
页头	banner/header	侧栏	sidebar
版权栏	copyright/footer	搜索栏	search/searchbar
内容	content/text	背景	background/bg
滑动图	slide	新闻	news

1.3.2　网页切片的编辑

　　网页UI设计师完成切片工作后，可将切片后的图像交由Web前端开发人员完成网页的开发制作。但也有部分企业直接由Web前端开发人员切片，并完成网页的前端开发和制作。网页UI设计师进行切片前，需要先分析页面的整体布局，并根据网页的结构分析出需要切片的对象，然后开始对页面元素进行裁切。

1．单个切片的输出

　　（1）切片的划分：打开要分割的图像，在工具栏中选择"切片工具"，如图1-36所示。在切片工具状态下，长按鼠标左键，使用切片工具直接在需要切片的位置拖出一个矩形，即可完成对页面元素的切割。

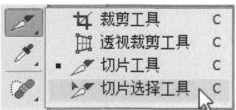

图1-36　切片工具

　　（2）切片的输出：选择"切片选择工具"，选中需要输出的切片。在菜单栏中选择"文件"→"导出"→"存储为Web所用格式"命令，在弹出的窗口中单击"存储"按钮，如图1-37和图1-38所示。

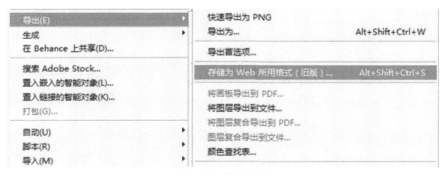

图1-37　输出设置

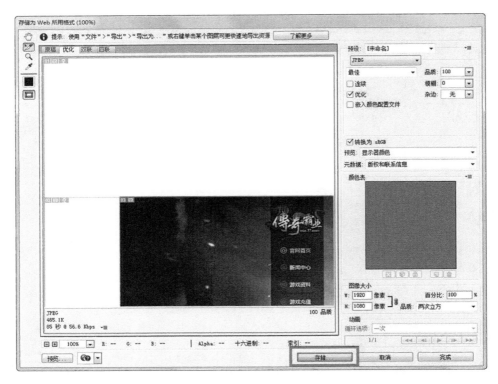

图1-38 保存设置

（3）切片的命名：保存切片时设置文件名为"pic.jpg"，保存类型为"仅限图像(*.jpg)"，切片选择"选中的切片"，如图1-39所示。

图1-39 命名设置

在对页面进行切片的时候，网页UI设计师需要注意一些常见的问题：

（1）针对小的图标、按钮，可以对局部图像进行放大后再切割；

（2）可以利用辅助线和网格提高切片的准确度；

（3）切片的时候应隐藏文字内容；

（4）简单的画面边框、圆角和纯色区域无需切片，由CSS实现即可；

（5）渐变色区域沿着与渐变色相同方向切片出一个1像素的图像即可。

2．连续切片的输出

切片的输出和保存非常灵活，设计师可以对页面中的切片进行单独输出，也可以对页面中的多个切片进行连续输出。具体操作步骤如下。

（1）在切片工具状态下，按住Shift键，选中需要输出的切片。

（2）选择"文件"→"导出"→"存储为Web所用格式"命令，在弹出的窗口中设置图像格式为"JPEG"，"优化的文件格式"中的压缩品质选择"非常高"，品质选择"80"，勾选"连续"选项，单击"存储"按钮，对其命名即可，如图1-40所示。

图1-40　连续切片的输出

3．透明切片的输出

在切割效果图的过程中，对于图像的保存格式也有讲究。一般来说，用图像工具（如Photoshop）制作的色彩绚丽的带有透明背景的按钮或图标保存成png格式；而用相机拍摄的风景或人物、物体图像多用jpg格式保存；gif一般用来存储含有简单动画效果的图像。网页UI设计师在输出切片时，需要手动设置输出的格式。具体操作步骤如下。

（1）首先通过图层面板中的图层可见性开关隐藏网页的背景图层，在切片工具状态下，选择需要输出的切片，如图1-41所示。

图1-41　隐藏背景图层

（2）执行"文件"→"导出"→"存储为Web所用格式"命令，在弹出的窗口中设置图像格式为"PNG-24"，单击"存储"按钮，对其命名即可，如图1-42所示。

图1-42　透明切片输出设置

1.3.3　常用的切片技巧

网页UI设计师在手动切片的过程中，往往需要对切片进行移动、复制、划分、组合等处理，从而提高切片的效率。

1. *移动切片*

（1）手动移动切片：如果需要移动某个切片，可以使用"切片选择工具"，如图1-43所示，选择某个切片，并用鼠标进行拖动。

（2）自动移动切片：在切片工具状态下，选中切片，右键单击鼠标，执行"编辑切片选项"命令，如图1-44所示。在弹出的"切片选项"对话框中，通过在尺寸栏输入相应的参数，可以精确地移动切片，调整切片的大小，如图1-45所示。其中，X代表切片的横坐标，Y代表切片的纵坐标；W代表切片的宽度；H代表切片的高度。

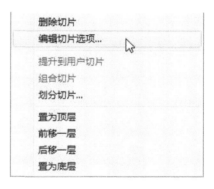

图1-43　选择"切片选择工具"　　　图1-44　选择"编辑切片选项"命令

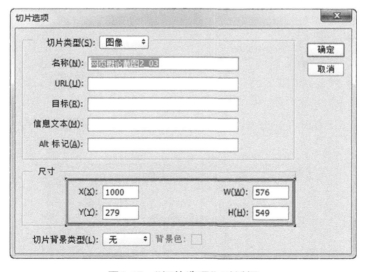

图1-45　"切片选项"对话框

2. *复制切片*

网页中经常存在多个在同一层级并排的图标，这些图标的大小相等，样式、外观相似。如图1-46所示，网页UI设计师在切片时，可以通过复制切片框来保证这些图标的切片范围是等大的，且能提升工作效率。

首先，绘制其中一个图标的切片框；然后，在切片选择工具状态下，将鼠标移动到切片框内，在长按Alt键的同时，按住鼠标左键移动并复制出一个新的切片框；最后，将复制出来的切片框移动到其他图标上。

图1-46　复制切片

3．划分切片

所谓划分切片，是对一个面积区域较大的切片进行平均分割，从而提高工作效率。具体操作步骤如下。

（1）打开要切片的页面，在工具栏选择"切片工具"，如图1-47所示。绘制一个能囊括3个子模块的切片范围，在选中切片的前提下，单击鼠标右键执行"划分切片"命令，如图1-48所示。

图1-47　选择"切片工具"

图1-48　选择"划分切片"命令

（2）设置划分切片的水平划分为3，单击"确定"按钮，实现对当前3个子模块的平均分割，如图1-49所示。

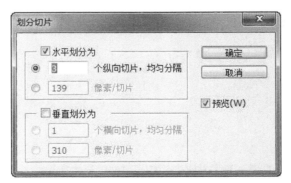

图1-49　"划分切片"对话框

4. 组合切片

在网页切片过程中，如果某个切片不需要平均分割，可以通过组合切片命令，将所有的切片组合为一个切片。使用"切片选择工具"选中需要合并的切片，然后单击鼠标右键选择"组合切片"，如图1-50所示。

图1-50 选择"组合切片"命令

本章作业

根据本章介绍的切图方法，对图1-51所示的网站首页进行切片。网页UI设计师需要先分析网页的整体结构，再根据网页的结构对网页中的构成元素进行切片处理。网页中需要切图的对象包括：企业Logo、图标、轮播图、图片、图形化按钮以及二维码等。

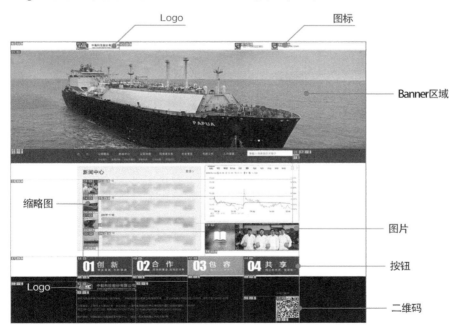

图1-51 官网切图效果

【素材位置】素材/第1章/01中船科技官网首页切图

第 2 章

营销类网站首页UI设计

学习目标

➤ 了解营销类网站在建站目标、页面内容、网站功能等方面与普通企业网站的区别。

➤ 掌握营销类网站的基本架构，以及从功能需求分析、网页原型线框图设计到网页UI设计的全流程。

➤ 掌握营销类网站首页UI设计的要点。

本章简介

互联网平台庞大的用户群体所带来的广阔市场空间，吸引众多商家从线下转战线上，借助网络的力量跑马圈地，在线上推广企业的品牌与产品。

营销类网站作为网络营销的重要端口，是企业与用户之间价值、服务传递的信息高速公路。任何企业的官方网站，都是企业在线上的重要门户，是体现企业精神、展现企业产品的战略要地。本章将围绕联想官方网站项目，详细讲解营销类网站首页UI设计的过程，梳理网页项目从需求提出、信息架构图搭建、网站原型线框图设计到效果图设计的全流程。

2.1 项目介绍

2.1.1 项目概述

联想集团成立于1984年，由中科院计算所创办，是一家在信息产业多元化发展的大型企业集团。2004年，联想集团收购IBM的PC（Personal Computer，个人计算机）事业部。经过30余年的发展，联想集团已经发展成为中国IT行业的领军者，主要业务包括台式机、笔记本电脑、移动手机设备、服务器和外部设备的生产、销售等。2008年北京奥运会期间，联想集团作为顶级赞助商为大会提供了900台服务器、700台笔记本、12000台主机、10000台显示器、2000块触摸屏、3343台打印机、2546台多功能一体机和580位技术服务人员。

在互联网营销全球化的大浪潮推动下，面临激烈的行业竞争，联想集团旨在通过建立营销类网站，为企业营销融入互联网营销的新鲜血液，有效推动企业提升全球市场份额。

2.1.2 首页UI设计要求

联想官方网站首页UI设计的核心目标是吸引浏览者的注意，提高点击率、浏览量、转化率，从而实现企业的营销目的。

1. 功能需求

（1）产品展示：提供联想最新产品及最新优惠活动的发布功能，对联想品牌的主营产品进行分类展示。联想目前主营产品类型包括笔记本电脑、台式机、Pad、智能穿戴手表、路由器、打印机、多功能一体机等。

（2）服务支持：为客户提供专业的在线技术服务和支持功能及常见问题的解答。

（3）线上支付：提供便捷的产品在线下单及支付功能。

（4）搜索导航：提供完善的搜索导航功能，帮助客户快速搜索产品信息、查询销售及服务网点。

（5）企业概况：实时更新集团新闻动态，链接相关重要网站。

2. 视觉要求

（1）视觉风格：采用扁平化的设计风格，整体设计简洁、大气，需与公司的整体形象一致、符合产品特色。

（2）页面布局：页面整体采用"左中右"式布局，按模块对页面内容进行分栏设计。

（3）网页配色：基于企业VIS进行配色，以红色作为主色调，体现联想一贯热情、亲民的企业品牌形象。

（4）信息传达：内容需注重层次感，条分缕析，按照产品类型做好分类；注意内容与产品的融合度，既能体现产品的特点，又能让用户通过页面布局快速定位需要的信息；突出品牌定位和企业的营销目的。

（5）交互方式：需遵循行业标准和惯例，采用常见的界面交互方式（如果采用新的交互方式，需要给出明确的操作指引）。尽量减少页面间的跳转；兼顾用户的视觉效果和页面的加载速度。

2.2　营销类网站首页UI设计相关理论

美国顶尖设计学院罗德岛设计学院院长**John Maeda**在2017年首次提出了**TBD**大设计理念，并指出**TBD**大设计将成为企业的核心增长驱动力。所谓**TBD**设计，即科技（**Technology**）、商业（**Business**）、设计（**Design**）三者之间的融会贯通。

参考视频：联想官网——营销类网站设计（1）

这对网页UI设计师而言，提出了更为全面的能力模型。网页UI设计师不仅要纵向提升自身的设计力，更要横向拓展自身的能力空间。网页设计的价值就在于，将科技、商业与设计进行有机整合。无论是创业公司还是上市公司，企业需要网页UI设计师在设计的每个环节中，都能提高用户的体验度，进而提升产品的商业和社会价值。

2.2.1　营销类网站概述

营销类网站，顾名思义就是指具备营销推广功能的网站；是企业根据自身的产品或者服务，以实现某种特定营销目标，而专门量身定制的网站。营销类网站将营销的思想、方法和技巧融入网站策划、设计与制作中，具有良好的用户体验以及搜索引擎体验。

2.2.2　营销类网站的特点

营销类网站属于企业网站中的一种类型，与普通企业网站一样，也以图文并茂的形式表现主题，但因所要达到的目的不同，所以营销类网站的目标用户群体、网页主要内容、网页提供的功能都与普通企业网站有所区别。

1．建站目标

普通企业网站，主要是以企业自身为中心面向搜索引擎，目的是提高搜索引擎的录入和排名。而营销类网站，以用户和搜索引擎为中心，目的是方便用户通过搜索引擎查询到该企业网站，并且能够通过对该企业网站的浏览吸引用户咨询或者直接购买站内的商品和服务。

2．页面内容

普通企业网站重视企业自我展示，图片多、信息量大，主要包括企业概况、企业咨询、产品咨询、企业团队、经营理念、联系方式等内容，如图2-1所示。营销类网站围绕企业的核心业务展开，页面简洁、明朗，以介绍企业的产品为重点，同时兼顾网站营销业务，如图2-2所示。

图2-1　普通企业网站

图2-2　营销类网站

3. 网站功能

普通企业网站重在对企业自身形象的推广，并没有与客户和消费者形成互动，用户体验相对较差；企业的基本销售或服务的营销模式集中于线下，网站本身没有客服和在线支付等功能。营销类网站非常注重用户体验、导航是否清晰、布局是否合理，并且配有在线客服、在线支付、热线电话、使用帮助等基本功能。

知识扩展

所有打算通过网络渠道进行营销的企业，都需要建立一个营销类网站。其中最迫切需要建立营销类网站的有如下几种类型的企业：

（1）已经建站，但客户往往找不到网站的企业；

（2）做了网络推广，但网站留不住人，网站用户体验不好的企业；

（3）网站访问量很大，但就是不能为企业产生定单的企业；

（4）费用紧张，希望以更小的投入获取更大回报的企业。

2.2.3　营销类网站首页UI设计技巧

一个好的营销类网站必须是经过精心策划的。设计师通过对企业基本资料的掌握，提炼出最适合企业营销的卖点，更好地给客户展示最重要的营销信息。那么，如何设计具有营销力的企业网站首页呢？

1. 首页要力求精致美观，第一屏突出重点主题

首页是用户通过搜索引擎打开的第一个页面，在设计上要非常精美，紧扣主题；同时企业所要展示和推崇的产品及服务，一定要放在网站首页最显眼的位置。比如，在网站的广告区域，企业的核心产品、服务将会以图片的形式直接展示出来，让客户一眼明白企业是做什么的，有哪些好的产品和服务。图2-3所示为小米官方网站首页。

图2-3　小米官方网站首页

浏览一个网站，通常会将注意力集中在首页的第一屏。一般来说，第一屏的轮播图要展现企业的核心业务，这样可以让用户更直观地了解企业的业务，还会让用户觉得网站漂亮、大气。虽然首页的第一屏很重要，但是也不要把所有的内容都堆砌在第一屏上。设计师应该对内容精挑细选，把最为重要的部分展示在黄金位置，让用户第一眼就能够了解企业的主营业务。

2. 围绕客户心理做设计，抓住用户的第一印象

设计师在设计网页的时候，应该学会换位思考，把自己想象成用户。于营销类企业网站而言，用户在了解了企业的主营业务以后，最为关心的核心问题应该是联系企业，达成交易。那么，在适当突出企业核心业务的同时，让用户能够更便捷地找到联系方式，达成交易，也就成为了营销类企业网站首页不可或缺的内容之一。

2.3 项目设计规划

2.3.1 项目需求分析

只有明确了服务对象，才能有的放矢地设计页面，在栏目划分、内容选择、界面设计各方面尽量做到合理。对于设计企业网站而言，主要的目标人群有需求方和用户方两类，设计师通过对这两类目标人群进行分析，并加以分类整理就可以大致确定网页设计的主要方向。

1．企业需求分析

对于联想集团而言，此次建站的主要目的是通过互联网营销提升国际市场份额。从这个切入点出发，找到联想集团在计算机制造业的主要竞争对手是惠普与戴尔，其官方网站首页分别如图2-4和图2-5所示；在移动硬件设备行业的主要竞争对手是苹果与三星，其官方网站首页分别如图2-6和图2-7所示。

图2-4　惠普中国在线商店

图2-5　戴尔官方网站

图2-6 苹果官方网站首页

图2-7 三星官方网站首页

（1）功能分析。从这些企业的官方网站首页分析得知，营销类网站页面主要包含产品展示、活动推广、在线订购、专业服务/支持、搜索功能、新闻动态6种功能，如图2-8所示。产品展示作为主要功能，占据绝大部分的页面空间；活动推广往往出现在网页的轮播图区域，通过极具视觉冲击力的视觉大图吸引用户继续浏览网页；在线订购流程一般隐藏在三级页面中；新闻动态功能在电子数码类行业的企业网站中通常会被弱化，放置在一个相对不起眼的区域。

图2-8 营销类网站常见功能

（2）视觉风格分析。这些企业的官方网站统一采用扁平化的视觉风格，整体页面布局简洁、大气、直观，用户可以快速找到自身所需要的产品。在色彩设计方面，惠普、三星、戴尔官方网站均采用蓝色、青色作为主色调，与电子产品的科技属性相符，具有较强的科技感与时代感；苹果官方网站以黑白灰进行搭配，格调显得更为高冷。这些企业的官方网站往往在轮播图区域使用近一屏高度的轮播图，展示当前热推的产品和活动。另外，网站导航结构都很清晰，可以帮助用户第一时间找到需要关注的内容。

2．用户分析

联想旗下的笔记本、手机等硬件设备，相对于同行业的竞品而言，价格更为亲民；在性能方面，相对于苹果、惠普等高配置的产品，联想设备虽然稍逊一筹，但能满足企业办公的基本需

Chapter 2

求。从历年联想产品的销售情况分析得出，购买联想产品的个人用户及企业用户，他们各自的特点如下。

（1）个人用户。

① 年龄特征：大多为在校学生、刚入职的大学生或是相对年长，但不需要外出办公的职场人士。

② 经济状况：经济实力相对薄弱一些，消费观念相对保守。

③ 职业状况：主要从事文秘、行政、销售等工作，工作内容与设计、游戏、计算机等行业相关性不强，不需要配置特别高的计算机，能满足基本的办公需求即可。

（2）企业用户。

① 企业状况：大多为初创型企业，企业规模不是特别大，经济实力不太强。

② 行业属性：多为学校、培训、物流、客服等相关行业，高精尖行业相对较少。

③ 订购规模：一般为大规模定制，需要的数量较多，价格较优惠。

2.3.2 项目功能和层级梳理

网站界面设计的成功与否与设计前的整体设计规划有着很大关系，只有经过详细的设计规划，才能避免在设计制作中出现问题。

1. 确定功能模块

营销类网站首页的主要作用是展示企业整体形象、企业区别于竞争对手的优势和特色，并将所提供的特色产品和服务信息展示给用户，促成用户的购买。

联想官方网站首页不但要展示企业的基本信息，还要提高用户对其产品的认知及认可。因此，联想官方网站首页要重点关注互联网营销效果，突出产品介绍，精简信息与布局；既要让用户能访问到各种产品和信息等内容，又不能将所有内容都罗列上去。根据企业提供的设计需求与竞品分析，设计师对联想官方网站项目首页的信息架构图整理如图2-9所示。

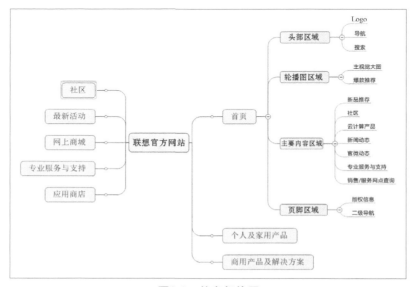

图2-9 信息架构图

2．确定基本结构

　　产品经理在整理出首页的信息架构图后，一般通过参考同行业竞品的结构形式，按照功能的重要程度，对所有功能进行合理布局。根据企业提供的设计需求，设计师决定采用"左中右"分栏式的布局，其原型线框图效果如图2-10所示。

图2-10　网站原型线框图

　　（1）在页面的整体设计上采用"左中右"的布局，把Logo放在左上角，让用户在第一时间能识别被译为"创新的联想"的lenovo黑色Logo；同时在第一屏最醒目的位置放置搜索栏，方便用户进行站内搜索。

　　（2）在用户视觉注意力最集中的左上位置放置大幅的轮播图，吸引用户关注广告信息，从而获得较好的营销效果。

3．确定大体色调

　　首页框架确定后，设计师可以根据企业的视觉识别系统、设计需求文档或产品特性，对网页进行初步的配色，大致确定页面主色、辅助色、背景色与点睛色，从而建立起严谨的设计规范，保证其他页面使用同样的色值进行设计，避免出现色值的偏差。如图2-11所示，联想官方网站项目初步确定主色调为红色。红色，可以对人形成强烈的刺激，并且比其他颜色更能吸引人的注意。目前大型电商及销售型网站较多采用红色作为关键色，如天猫、当当、QQ商城、1号店等。

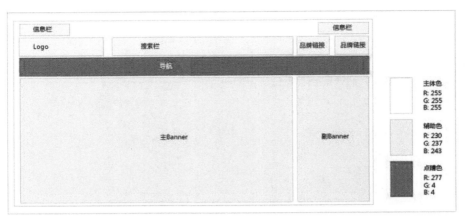

图2-11　确定网站主色调

2.4　网站首页UI设计实操

联想官方网站首页完成的最终效果如图2-12所示。

图2-12　联想官方网站首页

参考视频：联想官网——营销类网站设计（2）

2.4.1　头部区域设计

联想官方网站头部区域设计完成效果如图2-13所示。

图2-13　联想官方网站头部区域

在明确了大体框架和色调关系之后，就可以对界面进行设计了。一般来说，设计师会从上往下、从左往右进行设计，但这并不是硬性规定，设计师也可以根据个人的工作习惯或是项目需求的优先级进行设计。

1. 素材准备

网页设计所使用的素材，其来源分为两部分：一是企业客户提供的素材，二是设计师搜集整理后的素材。

一般情况下，经济实力雄厚、有专门设计人员的企业，能提供质量相对较高的素材。如果企业提供的素材精度较低，又是企业指定要使用的素材，网页UI设计师可与产品经理、企业负责人协商，将与企业有明确关联性的素材进行优化处理后再放置在内页展示，如企业上市仪式的图片、企业被相关媒体报道的图片等。

与企业本身关联性不强且精度不高的素材，网页UI设计师可不予以采用，通过从网上搜索有版权的素材，可以重新设计更有视觉冲击力的图片。一般情况下，展示企业愿景、虚拟产品与服务的图片素材，具有行业共性，网页UI设计师可以收集相关行业的原始素材后进行重新设计。例如，为了表明企业未来十年要实现千万销售目标，可以高楼林立的城市图片作为背景，并在图片中适当添加企业宏伟目标的文案完成视觉大图的设计。图2-14所示为联想官方网站项目相关的素材资源。而对于实体产品的展示，必须使用企业自身的产品图，切勿使用其他同行业品牌的产品图。

图2-14　部分素材图

2. 设计步骤

（1）顶部区域设计：网页UI设计师通过分析产品经理提供的网页原型线框图，再结合企业提出的功能需求，可以对头部区域的功能进行梳理。一般情况下，头部区域包含以下内容：企业

Logo、搜索栏、收藏功能、官方网站微博、官方网站微信、登录和注册入口、销售网点、服务网点、中英文版本选择等功能。

① 新建1920px×3000px的画布，分辨率为72ppi，使用选区工具与辅助线在画布中央确定一个宽度为1260px的主要内容区域，一个高度为170px的头部区域，效果如图2-15所示。

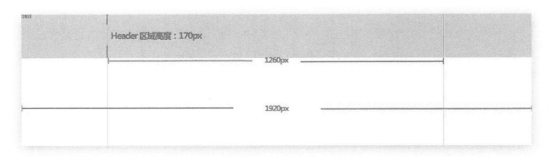

图2-15　确定主要设计范围

② 使用选区工具确定顶部区域高度为124px，并将联想Logo、登录和注册、搜索栏等功能依次排列，效果如图2-16所示。

图2-16　顶部区域效果图

（2）导航设计：根据营销类企业网站的需求，确定导航的栏目内容：首页、个人及家用产品、商用产品及解决方案、应用商店、专业服务与支持、网上商城、最新活动、社区、订购热线，各个栏目的小分类按照内容需求来定。

在交互方式上，当用户的鼠标悬停在一级导航上相应显示二级导航的内容。导航的颜色定位为红色配白色文字，字体采用最常用的微软雅黑，字号为12px或14px，导航最终完成效果如图2-17所示。

图2-17　导航效果图

【素材位置】素材/第2章/01联想官方网站首页界面设计

2.4.2　轮播图区域设计

轮播图对于营销类网站是至关重要的。轮播图的内容应选择那些最能够使客户感兴趣的产品和服务。

联想集团近期主推的"神奇工场公测"将轮播图的画面背景设置为外太空，突出其神秘感与科技感；主标题文字使用立体金属质感，增强视觉冲击力，吸引用户的眼球。轮播图区域右侧布局了3种爆款的快速入口，完成效果如图2-18所示。

图2-18 轮播图完成效果

联想官方网站轮播图区域设计步骤如下。

（1）背景设计：新建一个1000px×500px的画布，分辨率为72ppi，置入外太空背景图，使用柔角边缘的青色画笔绘制地球的发光效果，如图2-19所示。

图2-19 背景效果

（2）主标题文字设计。

① 使用文本工具输入主标题文字"神奇工场公测"，并为文字添加内发光与外发光图层样式，效果如图2-20所示。

图2-20 主标题文字基本效果

② 将"神奇工场公测"文字转化为智能对象，将智能对象复制两份，最上层文字适当添加斜面与浮雕图层样式；将智能对象向左移动并适当错位，制作出文字的立体感，效果如图2-21所示。

图2-21 主文案立体效果

（3）光感设计：置入发光素材，将其混合模式更改为滤色；新建空白图层，使用柔角边缘画笔绘制星光效果，最后添加英文标题与日期。完成效果如图2-22所示。

图2-22　轮播图效果图

【**素材位置**】素材/第2章/02联想官方网站轮播图设计

2.4.3　主要内容区域设计

主要内容区域根据企业的需求来具体设计。由于联想集团需要展示的内容非常多，同时还要满足网站的营销性质，设计师可以采用"左中右"、近似卡片的布局模式，页面的层次感强，主题明确。

在进行主要内容区域设计时需要统一图标、标题、文字、文字链、图片、按钮、标签、列表等样式，统一鼠标滑过及按下状态的样式，从而避免因元素不统一带给访客的陌生感，最终效果如图2-23所示。

图2-23　主要内容区域完成效果

联想官方网站主要内容区域设计步骤如下。

（1）新品推荐区域设计：将当前区域按"左中右"的结构分为三栏，左侧与中间区域展示联想目前主推的笔记本、手机以及Pad产品；右侧设置社区模块，用户可以进入社区留言、提问或交流使用心得。新品推荐区域设计效果如图2-24所示。

图2-24　新品推荐区域

（2）云计算产品/专业服务与支持/销售与服务网点查询区域设计：为保证整体视觉的统一，这3个区域横向的划分比例应与新品推荐区域保持一致，同样采用"左中右"三栏式布局。效果如图2-25所示。

图2-25　云计算产品等区域

（3）"想+"社区/新闻动态/官微动态区域设计：在界面设计中，如果页面结构过于雷同，整体版面会显得呆板。"想+"社区和专业服务与支持区域过于相似，设计师可以适当进行错位处理，让版面存在差异化。效果如图2-26所示。

图2-26　新闻动态等区域

【**素材位置**】素材/第2章/01联想官方网站首页界面设计

2.4.4　页脚区域设计与首页切图

企业官方网站的页脚区域又称为底部信息区域，一般放置网站的版权、备案号、法律声明、企业联系电话、企业地址、企业Logo、友情网址链接、建站技术支持等内容。如果网站首页的整体高度相对较高，网页UI设计师还可以适当增加一个导航条，方便用户浏览到网页底部时可以自由跳转到其他页面，而不必返回顶部导航区域进行跳转。

1．联想官方网站页脚区域

联想官方网站的页脚区域相对比较简单，主要包括网站的版权、法律声明、备案号和底部导航栏，按照"左右"分布对内容进行布局，完成效果如图2-27所示。

图2-27　页脚区域完成效果

2．首页切片输出

效果图制作完成之后，网页UI设计师需要对图层进行整理，对源文件及相关文档进行备份。客户确认设计稿方案后，网页UI设计师需要将设计稿切片输出，为网页的代码转换做准备，切片完成的效果如图2-28所示。

图2-28　切片完成效果

联想官方网站首页切图输出步骤如下。

（1）头部区域切图：头部区域需要切图的对象包括搜索图标、企业Logo、新浪微博图标等，效果如图2-29所示。导航区域的背景为纯色，设计师只要为前端工程师提供色彩的色值即可。

图2-29　头部区域切图对象

（2）轮播图区域与页脚区域切图：轮播图区域与页脚区域内容相对较少，主要切图对象有轮播图大图、产品图等，效果如图2-30所示。

图2-30　轮播图与页脚区域切图对象

（3）主要内容区域切图：主要内容区域需要切图的对象较多，包括所有产品图片与图标。网页UI设计师在切图时，可以只切产品图片；但是，由于每款产品的介绍文案排版较为自由，为减少前端工程师的工作量，可将文案与产品图一并切片，效果如图2-31所示。

图2-31　主要内容区域切图对象

【**素材位置**】素材/第2章/01联想官方网站首页界面设计

本章作业

根据本章介绍的营销类网站界面设计思路，设计e路航企业网站的首页UI设计（见图2-32）。最终完成的设计效果图可与图2-32有所区别，如主视觉轮播图大图、网页配色等。具体设计要求如下。

（1）网页结构：首页需包含完整的头部区域、轮播图区域、主要内容区域以及页脚区域，对界面元素进行合理布局；主要内容区域采用分栏式布局，模块之间的过渡明显，避免页面过于拥挤。

（2）信息传达：网页信息需按模块进行展示，字体清晰、间距合理，帮助用户快速定位所需要的主要信息内容。

（3）网页配色：界面主色调可以搭配使用绿色、黄色或黄绿双渐变色，使用黑色、灰色或白色作为背景色。

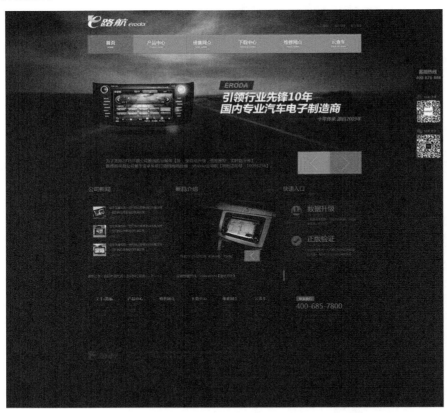

图2-32　e路航企业网站的首页

【**素材位置**】素材/第2章/03e航路企业网站首页UI设计

第 3 章

教育类网站着陆页UI设计

学习目标

➢ 了解着陆页的概念、页面特征、营销目标、用户行为研究等理论知识。

➢ 熟悉着陆页页头、页尾、首屏、内容区的页面结构。

➢ 熟悉着陆页的3种分类及其布局方式。

➢ 熟悉着陆页产品与服务的表现形式，掌握着陆页页面的配色原理。

➢ 掌握教育类网站着陆页的设计思路及技巧。

本章简介

网站的商业价值要靠一定数量规模的用户来创造。但是，在积聚了一定规模的用户群体之后，如何将网站中的用户数据转化为企业发展的经济效益，这是企业网站都在探索的商业模式。

根据艾瑞咨询与腾讯数据实验室联合推出的《2017年中国教育培训行业白皮书》：2017年，我国在线教育产值达2000亿元，2022年将增长到5400亿元。那么，在线教育是如何通过网络推广等渠道，利用网站中的数据流，创造出巨大的市场效益的呢？

本章以教育领域作为切入口，围绕完胜教育项目（该案例是满足教学需要的虚拟案例），详细讲解网站着陆页如何帮助企业提升转化率，实现其商业价值的理论知识及设计技巧。本章重点讲解了交易型、参考型和压缩型三种常见的着陆页。

3.1 项目介绍

3.1.1 项目概述

完胜教育是一家以结果为导向的就业和职业培训服务机构，核心业务包括考研辅导、公务员考试辅导、教师资格考试辅导、产品经理职业培训等，培训方式是线上线下相结合。

完胜教育于2016年初开设了考研魔鬼训练营课程，旨在通过高强度特训，帮助更多学子步入名校深造。现业务部门希望通过互联网加大对考研魔鬼训练营课程的推广力度，希望更多准备考研的学子通过互联网了解并加入完胜教育考研魔鬼训练营。

3.1.2 着陆页UI设计要求

完胜教育企业网站着陆页UI设计的主要目标：用户看到页面后能够迅速了解完胜教育及其推出的考研魔鬼训练营课程；吸引用户深入咨询完胜教育的教学状况，进而实现完胜教育扩大招生的营销诉求。页面需要重点体现如下内容。

1. 内容模块

（1）关于企业：展现完胜教育的办学规模，体现完胜教育的知名度。

（2）关于教学：详细介绍考研魔鬼训练营课程内容以及教学方面的特色。

（3）关于基地：简要介绍各个校区的校区环境、用餐环境、住宿环境等内容。

（4）关于师资：全面展示师资团队及人员架构。

（5）关于课程：简要展示完胜教育的课程体系、开班时间以及费用等内容。

2. 功能需求

（1）咨询功能：用户可以通过在线QQ弹窗，与网络营销专员取得联系。

（2）展示功能：用户可以通过文案、图像、声音、动效、视频等多媒体，全面了解教学质量、师资团队、课程安排、校园环境等内容。

（3）联系功能：用户可以通过注册登录网页账号、电话咨询、关注官方微博、关注官方微信等功能，以更深入地了解企业情况。

（4）资源上传与下载功能：企业内部员工可以通过后台管理系统上传最新学习资源、更新着陆页的页面；用户可以通过注册登录下载丰富的学习资源。

3. 视觉要求

着陆页整体视觉风格设计应该简洁、大气，需与企业的形象一致、符合高端教育的特点，页面层次感强，色彩丰富。

（1）页面布局：要求采用当下流行的分屏式布局，对不同模块的内容进行分屏排版；模块与模块之间分割明显，但整体统一协调，同一屏内容之间给予足够的留白空间。

（2）信息传递：要求重点突出、栏目清晰；保证文字内容的清晰度与可读性，帮助用户快速、清晰地了解完胜教育的基本情况。

（3）配色设计：要求使用饱和度相对偏高的色彩进行页面设计，能体现当代大学生蓬勃向上、积极奋发的精神风貌，同时与教育类行业的色彩风格相吻合。

3.2 着陆页UI设计相关理论

什么是着陆页？如何制作着陆页？如何使着陆页更适合整体营销计划？

随着互联网的高速发展，各行业都希望通过互联网推广自己的品牌和产品，而在营销过程中实现高转化率的着陆就显得尤为重要，由此，着陆页这个概念应运而生。本章将带领读者设计出优秀的着陆页。

参考视频：百度推广页——着陆页设计与优化（1）

3.2.1 着陆页概述

着陆页，又称为落地页，是用户通过点击网络广告或利用搜索引擎搜索后直接跳转的第一个页面，用户不需要任何操作。一般情况下，这个页面会显示和所点击广告或搜索结果链接相关的扩展内容。

图3-1所示为投放在优设网右侧的广告链接，用户通过点击这个推广链接，可以跳转至其着陆页。图3-2所示为当前着陆页的首屏。无论是广告链接，还是着陆页的首屏，都与产品设计、产品经理培训等内容相关。部分广告链接投放到不同平台时，设计尺寸往往会因其广告版面而有所不同，但广告的内容、广告的大体样式是一致的。

图3-1 广告链接

图3-2 着陆页的首屏

网站各个页面都可以充当着陆页，但不同的页面有不同的任务。首页：通常是为了引导用户到达其他页面；栏目页：多为专题页面或促销页面；列表页：类似栏目页，一般不需要进行特别的设计，主要起引导的作用；内容页：即详情页，是最容易促成转化率的页面，主要提供下载、注册、购买等功能。

1．着陆页的页面特征

网页UI设计师可以通过对比不同行业、不同风格的着陆页，在视觉风格、页面布局、配色设计等方面，归纳出着陆页常见的页面特征。图3-3所示为瑞思学科英语的着陆页，图3-4所示为新东方在线的着陆页，图3-5所示为英孚教育的着陆页。

着陆页页面的主要特征包括5个方面：①单一主题：一个着陆页页面为一个主题。②单一页面：所有内容在一个页面上呈现，不需要点击链接查看。③分屏布局：页面比较长，一般由多屏组成，每一屏内容统一为通栏展示。④首屏突出：第一屏一般为高清大图，主题明确，一眼能看明白其主题。⑤注重转化：页面上有很多转化元素，如咨询按钮、热线电话等。

图3-3　瑞思学科英语着陆页

图3-4　新东方着陆页

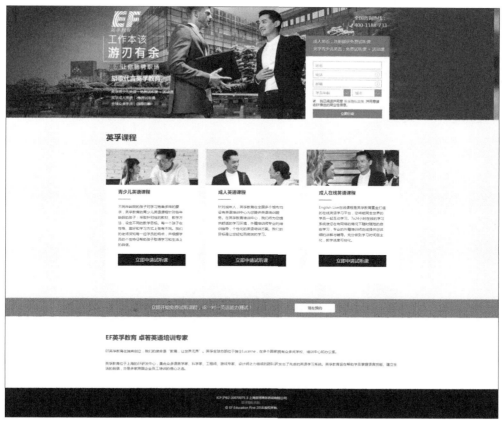

图3-5　英孚教育着陆页

2. 着陆页的营销目标

着陆页有3个至关重要的营销目标，分别为捕获、转化和保持。每个目标的完成都将影响接下来的目标实现。市场活动中用户与营销目标的对应关系可通过如图3-6所示的行为漏斗来表现。

图3-6　行为漏斗

首先，高效的捕获过程将提高站点的流量，扩大网站的用户群体；其次，一个高转化率、架构清晰的着陆页会使购买的用户量不断扩大；最后，高效能的用户保持策略能促进潜在用户或已购买用户回访购买，让企业从中获取更多的商业价值。

（1）捕获：主要关注如何为网站和着陆页带来流量。捕获的目的是使目标客户注意到你的企业和产品，并产生足够的兴趣访问你的网站。捕获主要有线上和线下两种方法，如图3-7所示。

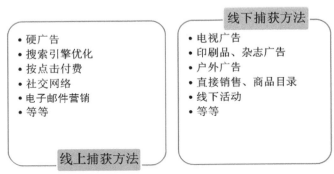

图3-7　捕获的主要方法

（2）转化：当一个用户来到着陆页，并执行了一个预期的帮助性操作时，转化就发生了。这些预期操作可以是一次购买，如图3-8所示；可以是填写表单，如图3-9所示；可以是下载，如图3-10所示；也可以是从一个页面跳转另一个页面的简单点击。

图3-8　购买

图3-9　填写表单

图3-10　下载

（3）保持：保持是借助着陆页进行网络营销的第3个目标，与转化的关系非常密切，保持应该在转化行为发生后立即开始。行之有效的保持方案可以使客户与企业关系的生存周期更长，进而为企业带来更多的收益。

3. 着陆页的用户行为研究

用户通过广告链接进入着陆页后的行为，一般包括3种，即实现转化、引导等待转化和离开当前页面。任何一个网页UI设计师，都应该明白如何帮助企业转化用户、引导潜在用户变成有产出价值的客户、分析用户离开页面的原因。

（1）转化：对于一个网站而言，转化不一定是一次性的，可以设置多个转化目标，也可以是分阶段转化。网页UI设计中规定的一个操作动作，可以是注册、登录、添加到购物车、购买、下载、拨打页面上的电话等各种对企业有价值的行为。例如，电商着陆页页面会让用户添加购物车，完成支付，以这样的形式分阶段转化。图3-11所示为电商着陆页页面。

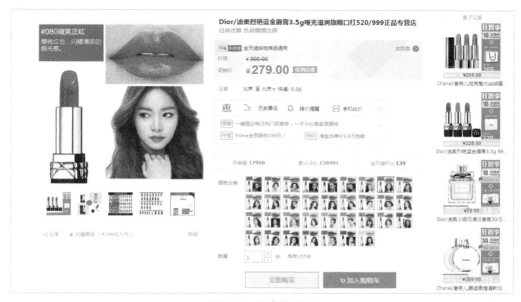

图3-11　电商着陆页

（2）引导：很多网站仅靠一个页面实现转化往往比较困难，需要依靠着陆页的引导来实现转化的中间过程。引导可以是多种形式，比如文字介绍、在线咨询等，如图3-12所示。

图3-12　培训机构着陆页

（3）离开：用户离开页面主要有如下5个方面的原因。①用户对页面本身没有任何兴趣。②不是目标用户群体。③页面本身有问题，没有足够的吸引力。④投放的广告设计没有结合着陆页，信息不一致。⑤网速慢，网页错误。图3-13所示为页面登录错误时出现的**404**页面。**404**页面是用户在浏览网页时，服务器无法正常提供信息或是服务器无法回应时所呈现的页面。

图3-13　404页面效果

3.2.2　着陆页的页面结构

目前常见的着陆页，其页面结构一般包括页头、页尾、首屏、导航条、内容区域等。下面就分别进行介绍。

1. 页头和页尾

图3-14所示为普通网页与着陆页的结构示意图，从图中可以看出普通网页与着陆页页头、页尾的区别。下面我们从页面的视觉风格、内容数量、营销目标、统计对象等方面来比较普通网页和着陆页的页头、页尾的差异，如表3-1所示。

图3-14　普通网页和着陆页对比

表3-1　普通网页和着陆页对比

	普通网页	着陆页
视觉风格	和整个网站保持一致	定制的风格
内容数量	元素多	简洁，干扰信息少
营销目标	符合网站整体目标	符合着陆页目标
统计对象	网站整体统计信息	着陆页统计的信息

在着陆页的页头、页尾不会给用户造成视觉干扰且有利于用户转化的前提下，着陆页的页头、页尾可以灵活设置。例如：着陆页页头定制，页尾与网站保持一致；着陆页没有页头、页

尾；页头、页尾和网站保持一致。

经验分享

定制着陆页页头、页尾的建议有以下几点。

（1）去掉冗余的信息，只留下对目标用户有用的信息，如网站Logo、回到首页等。

（2）页头可以考虑放置联系电话、微博、企业/产品获得重大荣誉等信息。

（3）页尾最好设置统计信息。

2．首屏

首屏即头版，是用户点击推广链接跳转到着陆页后，在不滚动屏幕右侧滚动条的自然状态下所能看到的画面。据诺曼·尼尔森集团于2018年公布的眼动实验研究数据表明：在长网页浏览中，用户把大约80%的时间花费在前三屏的阅读中，其中首屏停留时间约占总浏览时长的57%。由此可见，首屏作为着陆页的"门面"，是影响着陆页转化率的重要视觉区域。

首屏一般以主视觉大图或图形化的文字轮播图进行呈现，给用户以强烈的视觉冲击，刺激用户的购买欲望。图3-15所示为小米电视着陆页首屏；图3-16所示为课工场网校着陆页首屏；图3-17所示为游戏着陆页首屏。

图3-15　小米电视着陆页首屏

图3-16　课工场着陆页首屏

图3-17 游戏着陆页首屏

着陆页的首屏一般具有以下4个方面的特点。①大：主题文字字号大，图片是高清大图。②亮：首屏整体颜色鲜艳，重点文字高亮显示。③明确：主题明确，用户一眼能看出主题。④转化：首屏一般会放置转化元素，如下载、购买、咨询等。

3. 导航条

导航条是网页设计中不可缺少的部分，它是指通过一定的定位、链接等技术手段，让访问者浏览网站时可以从一个页面跳转到另一个页面的快速通道。

（1）导航条类型。导航条按照呈现的样式分为两种：①横向导航条：即固定在页头或首屏区域的导航条，导航栏目横向排布；②垂直导航条：即随着页面滚动而滚动的导航条，导航栏目竖向排布。图3-18所示为垂直分布的导航条。用户浏览到页面中间部分时，无法看到顶部横向排布的导航条，可以通过屏幕左侧的垂直导航条，快速定位到其他分屏模块中。

（2）导航条特点。由于着陆页的所有内容集中在一个页面上呈现，很少有一级页面与二级页面之间的链接跳转，因此着陆页的导航条一般采用锚点定位，即指向同一个页面内的不同内容区域。如图3-18所示，学员作业与课程大纲、课程收益等模块其实都在同一页面的不同版块之中，用户通过锚点可以定位到其他区域，但是并没有发生页面之间的链接跳转。当着陆页很长时，页面可以通过垂直分布的导航条进行内容版块定位。这样做既能丰富页面的内容，又能减少页面的加载时间，可以很好地提升用户体验。

图3-18 垂直导航

（3）导航条布局要点。设计师可以根据着陆页的页面长短和内容模块的清晰度灵活设置导航条。一个页面中可以只设置一个垂直导航或一个横向导航，也可以同时设置两种导航。当页面较短时，也可以不设置导航条。

① 导航条包含的元素：导航条包含的元素是多种多样的，设计的时候不需要太过于拘泥。例如，着陆页有在线咨询功能时，可以在导航条增加"咨询"按钮。又如，为增强用户体验，可以在导航条中增加"返回顶部"按钮，用户通过点击此按钮可以完成一键返回顶部的操作。

② 导航条的位置：横向导航条一般布局在首屏顶部，可以在页头上，也可以在首屏轮播图的下方，如图3-19所示。垂直导航条一般分布在页面右侧，由于大多数人是右手操作鼠标，放在右边更符合用户使用特点，如图3-20所示。

图3-19　导航条布局在轮播图下方

图3-20　垂直导航条布局在右侧

当然，以上要点并不是绝对的，布局和设计讲究的是用户体验和创新。网页UI设计师也可以把横向导航条放在页面底部浮动显示，或者放在顶部浮动显示。

4. 内容区域

内容区域在布局上也有一定的技巧，要求方便用户查找重点信息。不同内容版块间可以通过导航进行必要的引导，区块之间可以通过留白、区块颜色、大字号区块标题等进行区分。下面主要讲述内容区域中常见的元素。

① 文字：用来描述卖点，和图片相呼应。首屏上出现的主题文字一般采用大字号、粗体的

艺术字体，颜色一般鲜艳夺目，和周围色差大。卖点标题在整个页面中应该醒目，描述卖点的文字要加粗、标颜色，分层明显、错落有致。

②图像：用来衬托卖点和说明文字。头图一般是衬托主题文字的，应符合产品/服务的品质展示。产品图一般采用高清大图，最好用白色或纯色背景。背景图可以是和主题相关的图，也可以使用纯色、渐变色等主色调。内容的配图更要注重从文字的语义、意境、联想等方面进行配置，比如描述某个培训企业的上课地点任学员选，可以配上位置地图，并进行标记设置。

③图标：用来明确表意。整体色调相融，图标与图标之间注意彼此的整体性，色彩的明度与饱和度要一致。

④图表：主要用来描述结构化的信息。数据列表的字号和间距应设置大些，如图3-21所示；产品列表应整齐排布、层次分明、重点突出，如图3-22所示；产品规格表应整齐排布、错落有致，便于浏览，如图3-23所示。

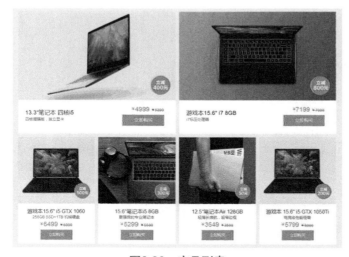

图3-21 数据列表

图3-22 产品列表

图3-23 产品规格表

⑤ 表单：主要用于获取用户信息。获取用户信息的操作一定要简单，比如要求填写姓名、性别、手机号即可，否则会让用户反感，反而降低获得用户信息的成功率。为了提高转化率，可以增加一些刺激手段来获得用户信息，比如通过提交信息可以免费获得价值×××元的资料/礼品；通过提交信息可以免费获得试听的课程等，如图3-24所示。如果着陆页的主要目的是获取用户信息，可以在多个页面位置放置相同表单。

图3-24　表单

⑥ 按钮：用来方便用户进行购买、咨询等操作。购买、咨询按钮应多处出现，如在首屏、页头、每个卖点后出现，或悬浮在屏幕下面。购买、咨询等按钮要显眼，应采用鲜艳的和周围色调反差大的颜色。图3-25所示为立即购买按钮。

图3-25　立即购买按钮

⑦ 电话：电话联络是除在线咨询外的另一种咨询方式，电话按钮也需要多处出现，在设计上要尽量醒目。通常情况下电话可以和咨询或购买按钮组合出现，如图3-26所示。

图3-26　咨询热线

⑧ 咨询框：常见的咨询框包括悬浮咨询框、弹出咨询框、内容区域咨询按钮。悬浮咨询框，如图3-27所示，一般悬停在页面右上角或左上角，被用户点击后会弹出对话框，主要应用在销售型着陆页，让用户在购买前可以进行咨询。

图3-27　悬浮咨询框

弹出咨询框，如图3-28所示，在页面刷新或指定的时间周期内弹出，悬浮在屏幕正中央。用户不需要点击，会自动弹出对话框。弹出咨询框主要应用于医疗、教育培训等需要深度咨询的着陆页，或者已获得用户信息需要进行二次销售或直销的着陆页。

图3-28　弹出咨询框

内容区域咨询按钮，如图3-29所示，固定在内容模块内，被用户点击后会弹出对话框，应用范围同弹出咨询框，常和弹出咨询框组合使用。

图3-29　内容区域咨询按钮

3.2.3 着陆页的常见分类

着陆页按照目的可以分为三种类型：交易型着陆页、参考型着陆页以及压缩型着陆页。

1. 交易型着陆页

交易型着陆页，如图3-30所示。小米的着陆页就试图让用户完成一次性交易行为，比如填写一个注册表单，最终目的是尽量使访问者立即购买。这类着陆页至少要获得访问者的联系方式，才能算作成功。

图3-30 交易型着陆页

知识扩展

交易型着陆页中完成一次交易叫作一次"转化"。转化率是完成企业期望行动的访问者占全部访问者的比例，也指登录着陆页并执行了预期操作的那部分用户的占比。

转化率=转化数量÷独立访问次数

2. 参考型着陆页

参考型着陆页，如图3-31所示。参考型着陆页常提供文字、图片、动态链接或相关参考信息给用户，对满足协会、机构或公共服务组织的目标非常有效。

图3-31 参考型着陆页

Chapter 3

3. 压缩型着陆页

压缩型着陆页，如图3-32所示。主要获取用户信息，也叫名单提取页，通常用于直接营销。直接营销指不通过中间人或中间商，直接将产品和服务送达消费者手中的营销方式。

图3-32　压缩型着陆页

3.3　着陆页UI设计方法

3.3.1　着陆页的展现形式

互联网营销的本质在于内容营销，尤其是产品和购买流程比较复杂的企业，更应该重视内容营销。高转化率的着陆页应该提供打动人心的内容。而在包罗万象的内容中，对产品与服务的介绍是任何企业的着陆页都不可或缺的。

在具体执行时，网页UI设计师可以通过图文形式、对比介绍、形象代言人、品牌故事、媒体镜头来展示产品与服务。

参考视频：百度推广页——着陆页设计与优化（2）

1. 直接介绍

网页UI设计师可以通过图文结合的方式来展示产品的功能和特性。图3-33所示为沙宣的产品展示，主要罗列了产品的配方、特点、适用人群以及产品状态、产品价格等内容。

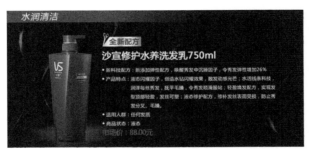

图3-33　产品介绍

2．对比介绍

网页UI设计师可以将产品与竞品进行对比，从而突出性能更为优异的产品。图3-34所示通过瓶身是否烫手的对比画面来展示保温壶的隔热性能。虚拟形态的服务同样可以通过对比介绍来展示。

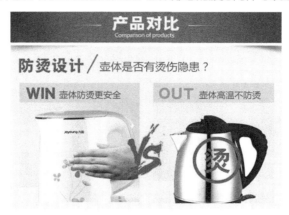

图3-34　竞品对比

3．品牌故事

以品牌故事的形式讲述产品的历史渊源可以彰显产品品质。涉及时间的品牌故事也常利用时间轴的方式进行展示。图3-35所示为课工场着陆页品牌故事模块。

图3-35　品牌故事

4．代言人展示

部分企业与名人签订了代言合同，可以通过代言人展示企业的形象、产品、服务。一般情况下，产品若为无形虚拟的形态，往往会借助代言人的力量进行网络推广，如教育、金融等行业的产品。图3-36所示为英孚教育的着陆页。

5．企业实力介绍

设计师应提供企业实力的相关佐证，以图片、文字或者图文结合的方式展示企业研发团队的实力，从而衬托出产品性能非常可靠，如图3-37所示。

图3-36　代言人展示

图3-37　企业实力展示

6. 媒体报道

通常使用文字报道或视频报道的方式，展示媒体镜头下的产品特色。图3-38所示的课工场着陆页通过形象宣传片展示课工场的雄厚师资力量。

图3-38　媒体报道

3.3.2　着陆页的布局类型

着陆页的类型不同，其页面布局也会有所差异。网页UI设计师在设计的时候可以参照下述的布局类型进行设计，更利于帮助企业达成营销目标。

1．参考型页面布局

参考型页面在保持内容模块风格一致的前提下，一般在布局上采取一个内容模块展示一个卖点的形式，内容模块相对较少。参考型页面布局要有助于实现品牌传播、理念传播、下载、参加活动等营销目的。一般首屏会放置下载、参加活动等醒目按钮。参考型页面布局如图3-39所示。

2．交易型页面布局

交易型页面一般由多个内容模块组成，每个内容模块包含一个卖点，每个模块的展现形式可以是一致的，也可以是有差异的。需要强调的是，在多个内容模块引导之后，应设置醒目的"购买"按钮，并且为了强调购买的主体，一般在首屏上也会放置"购买"按钮。交易型页面布局如图3-40所示。

3．压缩型页面布局

压缩型页面在布局上一般由多个内容模块组成，每个内容模块一个卖点，且每个内容模块的展现形式多样；同时，页面转化元素较多，基本在每个内容模块上都可设置"咨询"按钮，页面上会频繁弹出咨询框。压缩型页面布局如图3-41所示。

图3-39　参考型页面布局　　　图3-40　交易型页面布局　　　图3-41　压缩型页面布局

3.3.3　着陆页的配色原理

着陆页配色的方式很多，网页UI设计师一般可以按照品牌主色调、产品特性、用户群体以及内容层级关系等进行配色。

1．按照企业品牌主色调配置着陆页主色调

例如，京东品牌主色调为鲜红色，京东着陆页主色调多为红色；天猫品牌主色调为深红色，天猫着陆页主色调多为红色；微软品牌主色调为商务感的蓝色，微软中国着陆页主色调多为蓝色。着陆页主色调也可以从多个维度确定，采用品牌主色调只是其中一种配色原理，我们会看到很多品牌的着陆页主色调和品牌色并不一致。

2. 按照产品/服务特性配置着陆页主色调

每种颜色都有不同的含义，网页UI设计师可以根据不同的颜色含义来选择主色调。如果是公务员培训类型网站的着陆页，主色调可以选择红色，因为公务员为国家公职人员；如果是减肥产品网站的着陆页，主色调可以选择绿色，减肥产品讲究安全、健康等，绿色所代表的含义正好与产品特性相符；如果是奢侈品网站的着陆页，主色调可以选择金色、黑色、紫色，因为奢侈品给人的感觉是高贵、精致、典雅，而金色、黑色、紫色比较适合这类产品的气质，如图3-42所示。

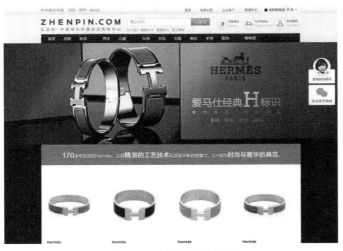

图3-42　奢侈品的着陆页

 知识链接

不同的色彩有不同的情感倾向，网页UI设计师在配色时，要注意各种常用色彩的情感倾向。红色代表热烈、喜庆、激情；橙色代表温暖、友好、财富；黄色代表光明、温和、活泼；绿色代表生命、安全、年轻、平和、新鲜；蓝色代表整洁、沉静、冷峻、稳定、忠诚；紫色代表浪漫、优雅、高贵、妖艳；白色代表纯洁、神圣、高雅、单调；灰色代表平凡、随意、宽容、苍老、冷漠；黑色代表正统、严肃、精致。

3. 按照用户群体配置着陆页颜色

不同的用户群体可能对颜色的喜好不同，网页UI设计师可以从社会身份、年龄以及性别等维度分析用户群体的色彩偏好。例如以儿童作为主要用户群体的着陆页，色彩可以绚丽缤纷、活泼跳跃一些；而以男性作为主要用户群体的着陆页，颜色可以倾向于冷色调或无色设计，如：黑白灰的经典搭配可以很好地诠释男性的魅力。

4. 按照模块具体内容配置着陆页颜色

设计师可以按照具体内容配置着陆页颜色。例如，着陆页的内容为"诚信商家，品质保障"，需配置金色，如图3-43所示。另外，还可以根据内容重要性程度配置颜色。需要强调的内容可以使用深色，购买、咨询等转化元素则要用显眼的和周围颜色呈现强烈对比的颜色标识，如图3-44所示。

图3-43　根据内容配色

图3-44　黄色购买按钮与周围颜色形成强烈对比

3.4　项目设计规划

3.4.1　项目需求分析

产品经理分析项目需求，往往从两个角度切入：一是竞品，即市场中目前已存在的竞争对手的产品；二是自身项目的目标用户群体。

1．竞品分析

完胜教育考研魔鬼训练营的主要竞品包括中公考研、尚德考研和新东方考研。这3家考研培训机构的着陆页效果图如图3-45～图3-47所示。竞品分析可以从这3家培训机构的功能、内容、布局、配色等方面入手。

（1）内容对比。3家培训机构的相同点：①都展示了各自的办学优势与办学年限；②都展示了考研集训的时间以及大致的费用等数据；③都展示了训练营的师资力量；④都具备在线咨询与报名的功能。3家培训机构的不同点：①部分机构提供了报考时间、报考流程、考研政策、考后调剂等学员密切关注的考研信息；②部分机构提供了考研资料的下载专区；③部分机构展示了学员心声。

（2）视觉对比。①页面长度都相对较长，内容非常翔实；②都采用分屏式布局，按照模块对内容进行排版；③都只有一个长页面，使用垂直式导航进行锚点定位；④背景色大多采用白色，整体页面色彩饱和度相对较高，页面显得活泼；⑤都采用扁平化的设计风格，页面简洁大气，用户可以快速了解网页的整体内容。

通过以上对比与分析，产品经理很容易明确完胜教育项目的功能模块、内容要点、视觉定位等。整体页面的布局与设计，既要体现教育行业传道授业的大爱情怀，又要映射年轻学子憧憬美好前程的理想愿景。

图3-45　中公考研着陆页

图3-46　尚德考研着陆页

图3-47　新东方考研着陆页

2. 主要目标用户群体分析

完胜教育考研魔鬼训练营的主要目标用户群体非常明确，就是准备考研的学子。但在网页UI设计中要注意，不同学历层次、不同学习状况、不同求学目标的学子登录完胜教育着陆页的目标是有所不同的。根据以往报名的学员数据，报名考研的学员分为两种：一是大学四年级即将毕业的大学生；二是进入社会，已经开始工作，但是想重回校园、继续深造、提升学历的社会人士。

（1）在校大学生。①经济状况：在校大学生尚无经济来源，如果报名考研课外辅导班必须与父母商量，父母等家人是其经济支柱。这类学员家庭条件相对较好，所以完胜教育着陆页的设计需要体现家长作为最终决策人的重要性。②学习状况：需要通过课外辅导班提升自我的在校大学生，平时在校学习相对放松，成绩不算特别出类拔萃，但还是有一定的忧虑意识和前瞻性，有较强的学习积极性。③心理状况：对自我评价相对偏低，不算特别自信，希望通过课外辅导获取更多的信息和资源。

（2）社会人士。①经济状况：已经步入职场，但是仍然有考研想法的学员，一般经济状况不算特别好，多半依靠自身的拼搏来维持生活。②学习状况：这类学员一般学习主动性很强，自我管理意识较好，但是由于离开校园时间较长，学习基础相对薄弱。③职业状况：目前职业生涯不算特别理想，希望通过自身的努力提升学历层次，改变职业方向，扩大自身的人际关系圈子，获取更多的资源。

3.4.2 项目功能和层级梳理

1. 确定功能与内容

在功能与内容确定的过程中，产品经理与交互设计师首先应深入挖掘客户的需求点，对比分析同行业竞品的优势与不足，然后罗列所有的功能点与内容，最后根据功能点与内容之间的关联性，按照一定的标准对散乱的功能点与内容进行分类，从而形成全面的信息架构图。

完胜教育项目的功能点主要包括内容展示、在线咨询、资料上传与下载、其他联系方式等。内容展示作为吸引用户深入了解完胜教育的重要支撑，需要占据绝大部分的版面空间，所以设计师需要对页面中的内容进行归类整理。在线咨询功能是实现完胜教育着陆页营销目标的重要窗口，所以会与每个部分的内容模块相结合，以功能按钮的形式存在于页面，引导用户进行点击。完胜教育着陆页信息架构图如图3-48所示。

2. 确定页面布局

页面布局一般要根据设计需求文档以及信息架构图，按照功能的重要性程度合理进行。完胜教育着陆页页面长度相对较长，内容模块较多，整个页面需采用分屏式布局进行排版，着陆页线框图大体结构如图3-49所示。

完胜教育页面架构大致如下：首屏主要包括导航条与主视觉大图；主要内容区域根据优先级排序，依次为考取名校的保障与秘密、课程设置、教学模式、教学服务体系、师资团队、教学环境以及二维码等内容。

3. 确定页面色调

首页框架确定后，需要对页面的色调和风格进行规划。色调上选用活泼、时尚的蓝色作为主色调，符合年轻人的特征；同时蓝色相对中性，没有明显的性别倾向。风格上使用时下流行的扁平风格，活泼、不呆板，也不过于花哨；既能符合教育机构的严谨气质，也能增加页面营造的年轻感。

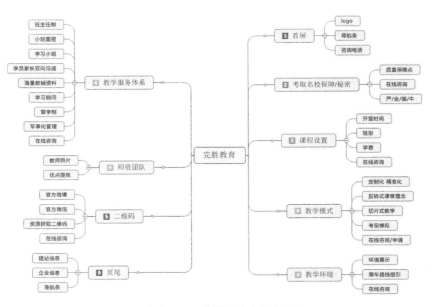

图3-48　着陆页信息架构图

图3-49　着陆页线框图

网页UI设计师在开始制作项目的视觉效果前，可以详细地为企业定制页面的配色方案，从而规范网页的配色，避免页面中同一层级的内容存在多种色值。完胜教育着陆页的配色方案如图3-50所示。

在配色设计规范中需要定义页面的主色调、辅助色、背景色以及点睛色，网页UI设计师还可以更为详细地界定每种色彩运用的主要场景，如文字正文、文字一级标题、文字二级标题、按钮常态颜色、按钮置灰态颜色、按钮高亮显示状态颜色等。

图3-50 完胜教育着陆页配色方案

3.5 网站着陆页UI设计实操

完胜教育网站着陆页界面设计完成效果如图3-51所示。

图3-51 完胜教育着陆页

3.5.1 首屏区域设计

一般情况下，网页的首屏主要包括头部区域与轮播图区域。部分网页的首屏由于轮播图图片的高度相对较低，还会囊括一部分主要内容区域的内容。常见的网页轮播图高度为400～600px。完胜教育着陆页的首屏除了导航条、轮播图，还纵向延伸到"全年魔鬼集训营"的部分区域。首屏完成效果如图3-52所示。

图3-52 首屏完成效果

完胜教育首屏区域设计步骤如下。

（1）头部区域设计。

① 新建一个1440px×9000px的画布，分辨率为72ppi，使用选区工具与辅助线在画布顶部居中的位置确定主体设计内容宽度为1000px；头部区域高度为98px，具体参数设置如图3-53所示。

② 头部区域主要包括完胜教育Logo、导航条以及咨询电话。置入Logo图片，并使用宋体14px常规字体排版导航条文字，将文字消除锯齿样式设置为"无"；最后使用微软雅黑18px常规字体排版热线电话。完成效果如图3-54所示。

（2）轮播图区域设计：使用选区工具确定轮播图的高度为400px；置入轮播图中的人物与书籍，为书籍图层添加高斯模糊滤镜，适当拉开人物与书籍的距离；最后使用文本工具对轮播图文案进行排版。效果如图3-55所示。

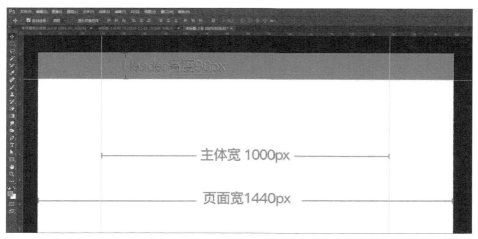

图3-53　确定页面基本结构

图3-54　头部区域

图3-55　轮播图区域

（3）"全年魔鬼集训营"区域设计：内容区域高度无限制，只要版面内容与版面空间合适即可。内容居中排版，设计时注意内容的横向宽度不要超过主体宽度（**1000px**）。使用微软雅黑**18px**常规字体排版该模块的正文文案，注意主标题与副标题之间的字号差异，体现出层次感；最后使用椭圆、矩形及圆角矩形工具绘制序号及按钮下方的图形，效果如图3-56所示。

图3-56　全年魔鬼集训营

【**素材位置**】素材/第3章/01完胜教育着陆页界面设计

3.5.2　主要内容区域设计

主要内容区域设计完成效果如图3-57所示。

图3-57　主要内容区域完成效果

首屏作为吸引用户的战略要地，其重要程度是首屈一指的。但是，首屏区域所能承载的内容毕竟是有限的。着陆页想吸引用户停留更长的时间或进行二次回访，则需要页面中有足够充实的内容以及唯美的视觉效果作为吸睛点。网页UI设计师需要通过除首屏以外的内容区域，详细展示企业的产品与服务，传递企业的价值理念，从而提升转化率。

完胜教育内容区域设计步骤如下。

（1）"考取名校的秘密"模块设计：内容区域的设计主要考虑版面空间的承载量、版面结构的形式美感、内容层次的清晰度等问题。"考取名校的秘密"模块设计完成效果如图3-58所示。使用圆角矩形工具绘制带描边效果的白色圆角矩形和红色矩形，并对圆角矩形执行剪切蒙版命令，制作出文字的外框，对文案使用微软雅黑字体，将主标题与副标题加粗，对正文使用常规字体。将制作好的内容打包并复制3份，适当调整颜色与文案。

图3-58　"考取名校的秘密"模块

（2）"课程设置"模块设计："课程设置"模块文字较多，主要包括开营时间、班型、学费等内容。这部分内容比较重要，网页UI设计师排版时，要注意字体的清晰度与可读性。另外，该模块也是学员疑惑点较集中的内容版块，所以可以在这个模块中设置在线客服等功能按钮，为用户解惑答疑。完成效果如图3-59所示。

图3-59　"课程设置"模块

（3）"考研教育培训2.0时代"模块设计：这个模块主要展示完胜教育的教学方式，用户需要在线申请体验完胜教育的教学实力，所以会与页面有一定互动。设计师可使用较为明显的黄色作为按钮颜色，与青色的背景形成对比，吸引用户点击按钮。另外，页面中使用了MBE风格的图标。MBE风格图标是由法国设计师MBE于2015年在Dribble网站上发表的一种形象卡通、色彩鲜艳、线条圆润的图标，这种形象可爱的图标为页面增添了趣味性。设计师在绘制或搜集该类型图标时，要注意其视觉风格的统一性。完成效果如图3-60所示。

图3-60　"考研教育培训2.0时代"模块

【素材位置】素材/第3章/01完胜教育着陆页UI设计

3.5.3　次要内容区域和底部区域设计

完胜教育次要内容区域和底部区域设计完成效果如图3-61所示。

完胜教育次要内容区域和底部区域设计步骤如下。

（1）"教学特色"模块设计：当前区域主要通过文字与图片结合的形式，展示完胜教育小班面授制、班主任负责制、军事化日常管理制等教学特色。效果如图3-62所示。网页UI设计师在设计此类页面时要注意两点：①文字要精简，用户对大篇幅的文字往往感到腻烦，所以要避免堆叠大篇幅的文字；②图片布局要协调，此类版面的配图色彩一般较为杂乱，设计师可以通过去色将图片变为灰度图，当用户鼠标悬停时，图片再变为彩色。

图3-61 次要内容区域和底部区域

图3-62　"教学特色"模块

（2）"师资团队展示"模块设计：师资团队介绍是教育类企业网站着陆页必须展示的内容，但属于位置相对靠后的内容模块。该模块主要展示教师的照片与资历，网页UI设计中要注意教师照片的适用性，图片一般由专业摄影师拍摄并精修，能体现出教师的风采。教师的资历介绍文字可采用鼠标滑过时出现的交互效果，网页UI设计师可在设计静态界面时体现该效果。完胜教育师资团队展示模块如图3-63所示。

图3-63　"师资团队展示"模块

（3）教学基地展示模块设计：教学基地展示区域除了常规性地展示校园环境、教室环境以外，还可以适当展示食堂、寝室等环境，提供校区乘车路线指引和地图链接等功能。图3-64所示为完胜教育教学基地展示。

图3-64　教学基地展示模块

（4）其他模块设计：上述模块均为教育类网站着陆页常见的模块。不同教育品牌根据其所属领域还会有其他模块的展示，如美术教育机构往往还展示学员的作品、明星学员、学员就业薪资和企业形象宣传片等内容。图3-65所示为完胜教育二维码展示模块与底部区域效果图。

图3-65　其他模块

【素材位置】素材/第3章/01完胜教育着陆页UI设计

本章作业

根据本章介绍的着陆页的设计理论，运用着陆页设计的方法与要点，制作"中软国际卓越教育.NET专业"着陆页，完成效果如图3-66所示。设计效果可与效果图有所区别，在布局、配色、内容等方面大体相似即可。具体设计要求如下。

（1）页面布局：采用分屏式布局对页面内容进行排版，按模块分别展示首屏视觉大图、".NET专业介绍"、优秀学员展示、课程特色介绍、课程大纲等内容。

（2）配色设计：使用蓝色作为主色调，与中软国际卓越教育的品牌色调保持一致；使用白色作为背景色，也可以使用视觉大图作为背景图；使用黑色、灰色、白色作为辅助色，主要运用于文字的配色设计；点睛色可与效果图有所区别。

图3-66　中软国际卓越教育着陆页

【素材位置】素材/第3章/02中软国际卓越教育.NET专业着陆页

第 4 章

招聘类网站专题页UI设计

学习目标

➢ 了解活动专题页与节日专题页UI设计的注意事项。

➢ 熟悉专题页的两大主要结构，掌握头图与内容区域包含的主要元素。

➢ 了解专题页UI设计的常见设计风格。

➢ 掌握专题页UI设计项目的规划步骤和设计技巧。

本章简介

　　传统节日的形成是一个国家、民族、地区的历史文化长期积累、沉淀的过程。在互联网时代，随着互联网用户之间相互传播思想、语言、行为，商业文明在一定的社会文化背景下，以一定的发生学机制快速创造着节日。

　　"11·11购物节""10·24程序员节"以及"京东6·18"等，都是近些年来出现的购物消费节日。在传统节日较少的消费淡季，活动与节日专题页作为企业创造消费需求的营销重器，已然成为各大门户网站上靓丽的风景线。本章以搜猎网在招聘旺季设计的专题页为例（该案例是满足教学需要的虚拟案例），详细讲述专题页UI设计的相关知识，重点讲解专题页头部区域与主要内容区域中要包含的元素。

4.1 项目介绍

4.1.1 项目概述

搜猎网于2011年上线，在中高端人才招聘领域打造了一个"企业+猎头+求职者"的平台，实现了三者之间的互动和连接，构建了招聘服务的新型生态。搜猎网在竞争激烈的线上招聘红海里，全面颠覆传统网络招聘以企业为核心的广告发布平台，开辟出了一个聚焦于为年薪10万以上的中高端人才求职提供服务的新领域，并迅速成长为该垂直领域内最大的在线招聘服务平台。

目前，搜猎网拥有超过3890万的注册会员，已服务超过50万家企业，有超过25万名猎头在搜猎网平台上寻找核心岗位的候选人。搜猎网的业务遍及北京、上海、广州、深圳、天津、大连、杭州、南京、武汉、厦门、成都、青岛、重庆、郑州等城市。

4.1.2 专题页UI设计要求

每年春节结束后，随着企业恢复正常生产，通常成为人才流动最为明显的招聘旺季。据《2019旺季人才趋势报告》显示，2019年人才流动趋势较去年更为明显，主要体现在人数多、高峰提前、流动明显等方面。

虽然每年春季招聘的规模较大，但是目前各大招聘平台鲜有通过春季招聘专题页来扩大自身在春季招聘中的影响力。为此，搜猎网市场部以春季招聘作为切入点，春节后在官网上线大型春季招聘专题页，以吸引更多优秀人才、猎头、企业点击关注搜猎网，提高搜猎网的线上流量，提升搜猎网在春季招聘中的行业影响力。

搜猎网专题页UI设计具体需求如下。

1. 功能需求

（1）薪资分类：根据职位、薪资的高低，对各行业中优质的职位进行集中展示，吸引高端人才与猎头进驻。

（2）企业分类：根据企业实力、知名度规模等因素，为求职人才提供一批具有竞争力的优秀企业。

（3）外企分类：甄选具有跨国经营实力的企业，提供外企工作机会。

（4）急聘分类：根据用人单位的要求，对于春节后急需应聘者立即上岗的职位划分专门区域进行置顶展示，帮助企业快速物色到合适人才。

（5）应届生分类：为应届生提供无需工作经验或对工作经验要求较为宽松的热门职位、热搜职位。

2. 视觉要求

（1）视觉风格：网页风格可采用手绘风格、扁平化风格、水墨风格或三维风格，力求给用户以强烈的视觉冲击，吸引更多求职者点击关注搜猎网春季招聘专题页，并主动分享专场页相关内容。

（2）页面布局：页面布局需平稳中正，可采用上下式布局、左右式布局等布局方式，避免出现倾斜、跳跃、有动感的构图形式。页面整体内容需根据线框图合理分类，以帮助求职者快速搜索到所需要的职位信息。

（3）配色设计：可以使用红色、黄色、橙色等暖色进行设计，色彩饱和度可适当高一些，鲜艳而有活力；营造热闹喜庆的节日氛围，与春节节日气氛相吻合，在心理上给求职者以机遇、希望、收获、理想的视觉印象；另外，整体色调应与中青年求职人群成熟稳重、经验丰富的精气神相匹配。

4.2 专题页UI设计相关理论

专题页是针对特定产品或活动的内容集中收集而设计的主题页面。图4-1所示为电商类专题页。专题页是企业官网中的一个页面，可以与官网的整体页面风格有所不同。专题页的主题鲜明，时效性强，更新速度快，可以单独进行推广，在较短的时期内聚集起一定规模的用户。

参考视频：专题页视觉设计（1）

图4-1　电商类专题页

知识链接

前面的章节中讲过着陆页，着陆页与专题页在界面设计上有一定的相似性，容易混淆。如果与线下实体店铺作对比，专题页类似于在展会、商场、广场中临时租用的推广产品的铺位，着陆页则更接近于固定的店铺。二者的区别主要体现在以下三个方面。

（1）二者的时效性不同：专题页围绕着某个节日或活动主题展开，页面往往具有较强的时效性。专题页一般出现在节日即将来临或活动前的一段时间，节日过了，活动截止了，专题页就不再存在于网站中，用户无法再点击进入该页面，因此专题页不存在改版迭代的问题。着陆页的时效性较弱，是网站中常驻的页面，存在改版更新的问题，很少出现用户无法点击登录页面浏览的情况。

（2）二者的指向性不同：专题页主要推广的对象是企业的产品、服务或活动本身，因此专题页的内容更具针对性，但是页面内容相对较少，页面高度一般不会特别高；着陆页的综合性相对于专题页更强一些，除了产品或服务的推广，还同时展示企业的实力、品牌的形象等，内容更为宽泛，页面高度相对较高。

（3）二者的目的性不同：虽然二者都是网络营销的重要手段，但是专题页的营销目标不一定都是为了实现转化。当然，电商类专题页的目的在于提高销量，而部分非电商类专题页，尤其是公益性的活动专题页，其营销目的往往只停留在捕获阶段，旨在推广品牌，吸引更多的用户关注，并未进入转化与维持阶段。因此，专题页中更多的元素是对时间节点、活动细节的告知。着陆页往往具有更强的营销性质，页面中会大量放置咨询、购买、预订等按钮。

着陆页和专题页并不是截然对立的两种页面形式，当企业将具有时效性的专题页在网络中做了相应的推广，用户通过点击广告链接登录到该专题页面中，此时专题页就是着陆页。

4.2.1　专题页的常见类型

1. 节日专题页

针对特定的传统节日或法定节假日而设计的专题页即节日专题页，如春节专题页、"五一"专题页以及"三八"专题页等。

特定节日的专题页在用词、配色、布局等方面，都应该与节日的属性、节日的专属对象相符。如"三八节"专题页中，目前很少使用"妇女节"这类字眼，而是更多地使用"女神节""女王节"等字样。在配色方面，为年轻女性设计的专题页，可偏向于梦幻、可爱、精致的类型；为成熟女性设计的专题页，可以走中高端、有品位的路线。

图4-2所示为女神节类型的主视觉大图，是专门为14～18岁年轻女性设计的页面，模特具有灵动、清新、活泼的可爱气质，背景图案采用率性、自然的搭配，色彩上运用大胆夸张的渐变色，极具视觉上的跳跃感；图4-3所示也为女神节类型的主视觉大图，模特具有高贵、知性的成熟气质，背景图案虽然相对简洁但不乏细节，有品位、有内涵，色彩上采用极富女性气质的玫红色进行搭配。

图4-2　女神节主视觉大图

图4-3　女神节主视觉大图

2. 活动专题页

活动专题页是企业、社会团体或个人为达成特定目标而设计的专题页面。

网络推广活动的名目繁多，诸如"双11促销活动""飞利浦惠生活品牌节""肯德基全国捐一元献爱心活动""中软杯男篮职业联赛"等。这些活动大多具有较强的营销性，一般是为主办方的商业利益而开展的，是现代商业文明催生的"商业节日"。活动专题页要根据活动主办方的特定目标进行页面的布局、配色、配文。图4-4所示为联想举办的笔记本电脑壁纸设计大赛的专题页，页面中对赛事的评选标准、设计说明、奖项设置、大赛评委、时间安排等进行了详细说明。

4.2.2　专题页的常见结构

大多数专题页的结构可以分为头图和内容部分，如图4-5所示。普通的专题页一般只有一个主页面，复杂的专题页则由若干二级页面组成，具体要根据专题的规模来设置相应的模块内容。如果将专题页的结构再进一步细分，则可以分为活动标题、活动参与入口、奖品设置/商品展示、活动参与人数、有效时间、活动规则、排名/获奖信息、分享到第三方应用、版权信息等模块，如图4-6所示。

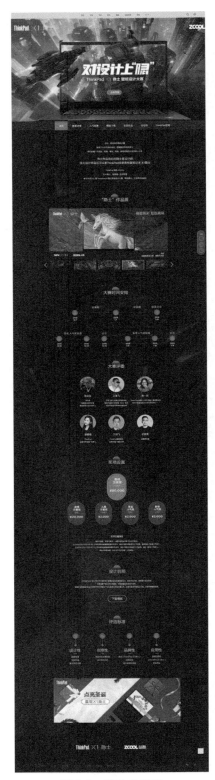

图4-4 活动专题页

图4-5　专题页的大体结构

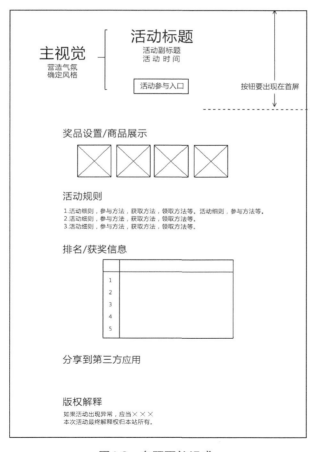

图4-6　专题页的组成

1．头图

头图，又称为主视觉大图。头图的设计是整个专题页的重点和亮点。头图决定了整个专题页的基调。优秀的头图是整个专题页的灵魂。头图有点类似于较大的轮播图，但二者也有着很多的不同点。头图设计需要考虑如何巧妙地与后续的内容衔接，而且相比于轮播图，头图尺寸更大、细节更多、构图更多样。

设计头图首先要考虑设计风格。设计师应根据不同的题材选择不同的视觉设计风格。有些专题没有具象的视觉元素，设计师可以从专题的文字入手，先将一些与专题相关的元素拼凑在画布上，然后尝试各种组合，就能很快找到头图的灵感。图4-7所示为2018年天猫"双11"轮播图手绘草图。图4-8所示为设计师使用Cinema 4D建模后实现的效果图。

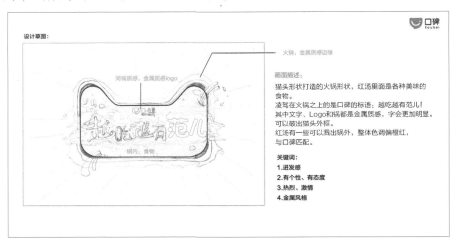

图4-7　草图设计

图4-8　效果图

2．内容部分

专题页内容部分的表现形式多样。设计师在设计专题页内容部分的时候要注意其与头图的衔接，可以继承头图中的视觉元素，并与专题页整体的视觉要素有机结合在一起，从而使页面更具趣味性。如图4-9所示，文字与产品被装在纸盒内，丝带贯穿头图和内容部分，同时这些元素也成为背景的一部分，很好地将头图与内容部分衔接在一起，整体页面浑然天成。这种同一元素共存于两个空间的设计手法，被称为开放式布局。

图4-9　开放式布局

4.2.3　专题页的常见风格

专题页常见的视觉风格包括：写实风格、手绘风格、三维风格、水墨风格、扁平化风格、2.5D风格等；近年来，又出现了一些颇为流行的独特视觉风格，诸如孟菲斯风格、波普风格、激光风格以及故障艺术风格等。

专题页的视觉风格一般与头图、首屏的风格保持一致，本章通过列举部分具有代表性的头图和首屏画面，阐述各种常见的专题页视觉风格。

1．写实风格

写实风格的头图多为合成类型的主视觉大图。所谓写实，并非是完全模拟现实的超写实风格，一般采用适度夸张的手法对现实事物的形态、大小、质感进行处理，从而赋予画面全新的视觉体验。如图4-10所示，海洋的边缘被整齐切除，既为页面营造出大面积的留白空间，也使得画面富有趣味。

图4-10　写实类型头图

2．手绘风格

通过手绘的方式将运用摄影、合成等手法难于实现的画面呈现出来，也是目前专题页常用的设计风格。虽然通过拍摄等方式能够比较快速地实现效果，但是购买场景道具、聘用模特等的成本往往较高。手绘相比摄影等手法，可以最大限度地节约成本。如图4-11所示，通过手绘的方式展现产品与人物的关系，绘制出唯美画面。

图4-11　手绘类型头图

3．三维风格

近年来，越来越多的网页UI设计师开始使用Cinema 4D等三维软件设计专题页场景和装饰元素，打造出全新的三维视觉风格。三维风格具有强烈的立体感、纵深感以及层次感，适用于复杂的场景搭建。图4-12所示的专题页，就是使用Cinema 4D设计的场景，楼宇之间相互穿插、前后遮挡使画面元素具有强烈的空间感，画面细节非常丰富。

图4-12　三维风格

4．水墨风格

水墨风格具有浓郁的中国传统文化气息，一般应用在中国传统节日（如端午节、重阳节、春节等）的专题页设计中。除此以外，游戏专题页也非常适合使用水墨风格进行设计，诸如古风题材的游戏专题页、武侠题材的游戏专题页。图4-13所示为水墨风格的专题页。

图4-13 水墨风格专题页

5. 扁平化风格

扁平化风格是较容易把控且易于出效果的设计风格。专题页通常具有较强的时效性，留给网页UI设计师的设计时间一般不多，所以设计师要快速地完成设计稿。为此，采用扁平化风格是较好的选择。虽然扁平化风格的页面较为简洁，但是简洁不等于简单，扁平化风格的画面同样需要有丰富的设计细节才能显得细腻。图4-14所示为扁平化风格的专题页。

图4-14 扁平化风格专题页

4.3 项目设计规划

在正式开始设计之前，产品经理及网页UI设计师要对当前的项目做详细的分析，如企业的竞争对手、主要的目标人群、推广活动的内容等。这种分析有助于把握页面的设计内容和设计风格。

项目规划除了分析企业的竞争对手和主要目标用户外，还应思考这是个什么类型的活动，要通过什么渠道进行推广宣传等问题。通过对以上信息认真细致的分析，产品经理及网页UI设计师可以更有条理地规划好整个专题页的界面设计。

4.3.1 项目需求分析

1. 竞争对手分析

搜猎网定位为大型中高端人才招聘平台，其竞争对手主要包括：前程无忧、智联招聘、中华英才网、100offer、拉勾网、Boss直聘等。

在业务模式与规模上，与中华英才网、前程无忧和智联招聘等传统大型招聘平台有所不同，搜猎网一直专注于中高端的人才市场，业务对象更为精准；与Boss直聘、拉勾网等业务垂直细分领域更为明确的新兴招聘平台相比，业务规模与体量更为庞大。

在收入来源方面，传统招聘平台的收入主要依靠为企业提供职位发布、简历下载等服务，然后通过发布招聘广告向企业收费。这种商业模式虽然盈利模式清晰，但是客单价太低。由于漠视求职者的个性化，只把他们当作数据去卖，企业也很难找到适合自己个性化需求的求职者。搜猎网运营的核心是从求职者的角度去想他们需要什么，怎样给他们更好的体验，从这个角度为求职者提供服务。搜猎网拥有众多有价值的职业经理人资源，让搜猎网不用处心积虑地取悦招聘企业，而只需通过细致的服务建立起自己的竞争壁垒。

鉴于目前各大招聘平台均没有上线春季招聘专题页的现状，搜猎网本期春季招聘专题页是开行业之先河，无借鉴与参考可言。搜猎网春季招聘专题页立足于自身发展状况与企业目标，将本期专题页的宣传重点与亮点定位为发布大量优质、有价值的中高端职位，吸引更多中高端人才关注搜猎网，为猎头、企业与人才搭建无障碍的线上沟通渠道。

2. 主要目标用户分析

搜猎网的用户群体由3个部分组成：猎头、企业以及求职者。

所谓猎头，意为物色人才的人，是帮助企业找到所需优秀人才的中介。针对猎头找人，搜猎网是免费的。猎头的特殊身份和其带来的中高端职位，自然会吸引中高端求职者的到来，帮助搜猎网快速完善人才数据库，然后通过人才数据库从企业处变现。

搜猎网目前营收主要来源于企业、求职者两方面。针对企业的收费模式，有职位发布、简历下载、雇主品牌（广告），并根据服务内容、周期组合推出了不同的套餐。搜猎网同时也推出了意向确认、私信服务等微创新的产品。针对求职者，搜猎网推出了增值收费服务，比如简历置顶、群发简历、私信联系猎头和HR等。搜猎网一切的核心都是服务好求职者。

本期春季招聘专题页的主要目标用户是中高端求职者，此类人才具有以下特点。

（1）工作经验：工作年限一般在3 ~ 5、5 ~ 10年，甚至于10年以上的职场精英，具有相当丰富的行业经验，是其所从事领域的资深人士或专家。

（2）学历知识：一般是海归、"211""985"等名校本科及以上学历的高学历人才，具有较好的教育背景，知识储备丰富，人脉宽广。

（3）求职要求：对于薪资待遇、工作环境、能力提升、职业发展、工作地点、工作时长、公司背景等基本条件都有较高的要求。

（4）性格和审美：通过社会招聘跳槽的职场精英人士，经历过职场的磨砺与社会化，性格更为成熟、稳重，审美方面比较有品位。

4.3.2 项目功能和层级整理

1. 确定功能内容

通过对竞品及主要目标用户群体的分析，再结合搜猎网春季招聘专题页的项目需求，设计师基本上可以梳理出搜猎网春季招聘专题页的主要内容模块如下。

（1）网站主导航区域：春季招聘专题页为临时性页面，原有页面基本框架不用出现过大变动，仅在原有导航右侧增加"春季专场"按钮，作为专题页的入口。

（2）首焦图：以春节作为创意点，通过春季招聘吸引用户，突出搜猎网品牌。

（3）高薪职位：筛选各个行业中在薪资方面具有竞争力的职位发布在专题页的内容区域，主要根据行业岗位、薪资高低，对职位进行分类和排版，重点突出薪资，简要展示工作地点、福利待遇、企业名称等信息。

（4）名企职位：筛选出各个行业中极具实力的大品牌、大企业，将该企业发布的全部职位按工作性质分类后统一发布，重点突出职位发布的企业主体，简要展示工作地点、福利待遇、经验要求等信息。

（5）海外职位：推送各个跨国企业的海外求贤职位，重点突出职位发布的企业主体，简要展示福利待遇、经验要求、职位等信息。

（6）急聘职位：筛选各个行业中急需上岗用人的职位，帮助企业快速招聘到急需人才。

（7）应届生职位：主要发布各个行业中适合应届生且具有吸引力的职位。

（8）专题页底部区域：主要包括网站底部导航、企业Logo、友情链接及版权信息等内容。

2. 确定页面布局

搜猎网春季招聘专题页头部区域、页脚信息区域与官网保持一致，头图通过文字标题明确主题。尽量保证专题页首焦图主文案、专题页导航条在首屏呈现，通过分屏结构，以楼层的形式展现高薪招聘、名企招聘、海外招聘、春季急聘以及应届生招聘专区。界面整体结构图如图4-15所示。

3. 确定页面配色

搜猎网春季招聘专题页根据市场部提出的项目需求，在颜色上选择饱和度较高的红色、橙色和黄色作为页面的主色；在设计方面采用手绘风格，通过手绘的方式绘制出具有传统特色的屋檐、灯笼、舞狮、中国结、祥云、楼阁等元素，使页面元素与页面配色之间相互呼应协调。整体页面的色彩定位如图4-16所示。

4. 确定设计素材

虽然是确定采用手绘的形式绘制页面中的主要元素，但是鉴于项目较大且制作周期较短，专题页又急需上线，设计师在设计时，可以搜集部分相关素材，一方面作为设计灵感的源泉，一方面作为设计素材。

在确定了大体色调后，网页UI设计师最主要的准备工作就是收集与整理素材。设计师脑海中想到的元素不一定最适合主题，而且在搜集过程中也不一定能找到非常适合的素材，因此，网页UI设计师只要找到符合主题风格，光源与角度一致的素材即可，不要过于纠结单个素材的效果而忽略整体。

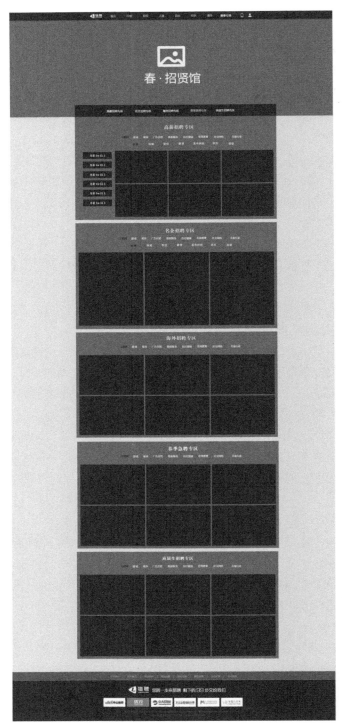

图4-15　页面整体结构图

素材收集的思路可以从主题出发，通过春节这个主题进行辐射，从而捕捉到与传统春节相关的事物，提炼出来的元素包括：楼阁、烟花、舞狮、灯笼等。网上找到的素材如图**4-17**所示。

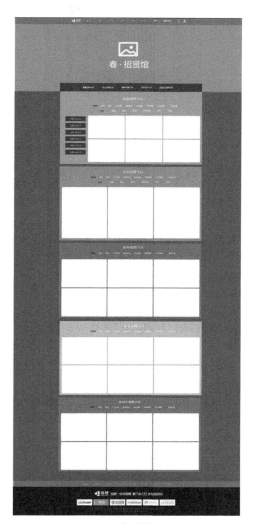

图4-16　色彩定位图

图4-17　部分素材

4.4　专题页UI设计实操

搜猎网春季招聘专题页完成的最终效果如图4-18所示。

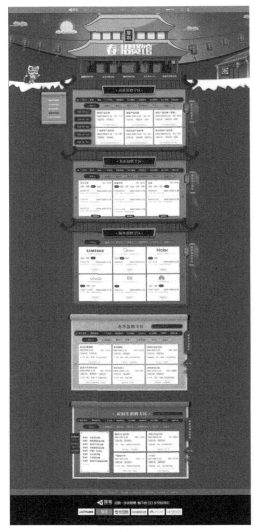

图4-18　搜猎网专题页

4.4.1　首屏区域设计

专题页的首屏高度一般设置为600px ~ 900px，轮播图的高度通常设置为300px ~ 600px，这样的参数设置能保证大多数用户在不滚动纵向滚动条的状态下，完整地看到主视觉区域，同时还可以浏览到专题页部分重要的内容。图4-19所示为搜猎网专题页首屏界面。上述页面尺寸并不是绝对的，网页UI设计师可以根据实际情况适当进行调节。随着时间的推移和浏览器的迭代升级，屏幕的宽度和高度也会随之变化。

图4-19　首屏完成效果图

搜猎网的用户群体十分广泛，用户使用的屏幕分辨率也非常多，网页UI设计师在设计时，要尽量保证所有用户都能舒适地浏览页面的内容。所以，高保真设计稿的主题内容宽度最好比目前市场中的标准屏幕分辨率（1024px×768px），即最小屏幕分辨率的宽度适当小一点，保证最小屏幕分辨率的用户不必横向拖动滚动条即能正常浏览所有页面内容。一般情况下，设计师可以将宽度设置为960px或1000px。

搜猎网春季招聘专题页首屏区域设计步骤如下。

（1）确定大体结构：新建一个1920px×4278px的画布，分辨率为72ppi，使用选区工具与辅助线确定专题页面的主体内容宽度为960px，首屏区域高度为600px，网站原有导航高度保持为50px，效果如图4-20所示。

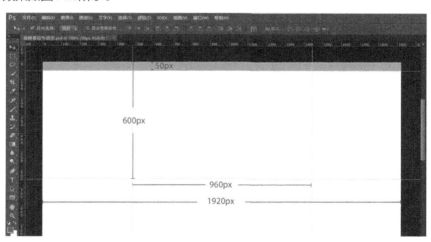

图4-20　确定基本架构

（2）设计网站主导航条：在实际工作中，网站原有的导航条一般不会因为新增专题页而发生非常大的变化。网页UI设计师在设计专题页时，在保证导航条样式、高度与原有导航条一致的前提下，只需要在原有导航条上增加专题页的相关按钮即可。主导航条的完成效果如图4-21所示。使用矩形工具绘制一个高度为50px的矩形，色值为#db6935，在原有导航条右侧增加春季专场按钮。

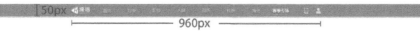

图4-21　网站主导航条

（3）设计首焦图背景：使用红色矩形工具绘制天空背景；新建空白图层，使用黄色柔角边缘画笔绘制天空中间的发光区域；置入星空背景图片，将其混合模式设置为柔光，然后为图片添加图层蒙版，遮挡图片下半部分；使用钢笔工具绘制城墙，将城墙复制两份，调整其色彩并向上移动，增加城墙的层次，完成效果如图4-22所示。

图4-22　首焦图背景

（4）设计首焦图主体内容：置入招贤馆图片，为图片添加亮度/对比度调整层，增大图片的对比度；添加色相/饱和度调整层，增大图片色彩饱和度；使用直排与横排文本工具输入主文案与企业名称，完成效果如图4-23所示。主文案"春·招贤馆"的制作过程如图4-24所示，主文案中每个文字为一个图层。文字间重叠阴影的制作过程：先制作橙色到橙色透明的渐变图层，然后为渐变图层与文字制作剪切蒙版，最后调整文字间的间距，并为文字添加投影效果。

图4-23　招贤馆

图4-24　主文案

（5）完善天空细节：新建一个空白图层，使用钢笔工具勾勒悬挂灯笼绳子的路径，将前景色设置为暗红色，并将工具切换至画笔工具，选择硬角边缘画笔，适当调整画笔大小，将画笔不透明度调整为100%，最后通过键盘上的Enter键，绘制出绳子。置入灯笼、祥云、烟花等素材，并适当调整其色彩饱和度，最终效果如图4-25所示。

（6）完善地面细节：使用钢笔工具绘制地面积雪效果，将积雪复制一份，修改其颜色，作为阴影置于下方；使用直接选择工具调整积雪阴影图层的锚点，并为其添加投影图层样式，效果如图4-26所示。最后置入舞狮与小房屋素材，效果如图4-27所示。

图4-25 完善天空细节

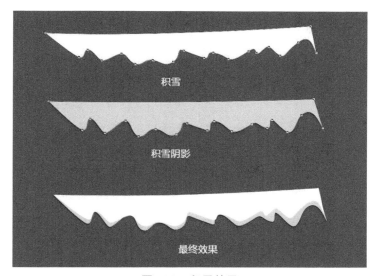

图4-26 积雪效果

图4-27 完善地面细节

（7）设计专题页横向导航条：使用矩形工具绘制一个红色横幅，置入圣旨素材，复制圣旨素材并水平翻转；置入纹理素材，用纹理素材与红色横幅背景制作剪切蒙版；最后使用文本工具输入专题页导航内容，效果如图4-28所示。

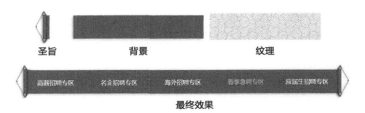

图4-28　专题页横向导航条

【素材位置】素材/第4章/01搜猎网专题页设计

4.4.2　主要内容区域设计

搜猎网春季招聘专题页主要内容区域设计完成的最终效果如图4-29所示。

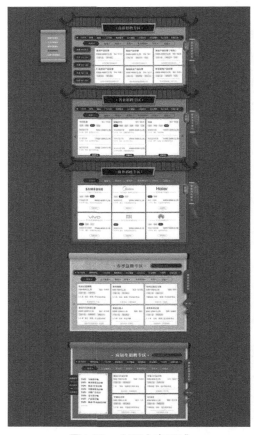

图4-29　主要内容区域

搜猎网春季招聘专题页主要内容区域的设计步骤如下。

（1）设计主要内容区域背景：打开中国花纹元素素材，通过菜单栏中的"编辑"→"定义图案"命令，定义好背景叠加图案。新建空白图层，填充色值为#860b0f的暗红色，为图层添加"图案叠加"图层样式，图案类型设定为"中国花纹元素"，混合模式为"叠加"，适当调整图案的缩放比例，背景效果如图4-30所示。

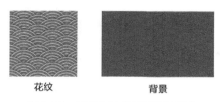

花纹　　　　　　　背景

图4-30　搜猎网专题页页脚区域

（2）设计专题页纵向导航条：导入卷轴盖素材，将其复制并水平翻转；使用矩形矢量工具绘制卷轴边缘并为其左右两侧添加锚点，使用直接选择工具调整成圆弧形，最后添加描边、渐变叠加以及投影等图层样式，完成效果如图4-31所示。同理，可制作"春季急聘专区"及"海外招聘专区"的背景。

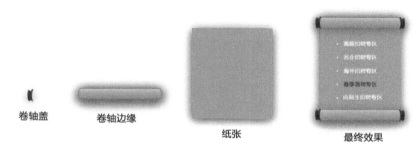

卷轴盖　　　　卷轴边缘　　　　　纸张　　　　　　最终效果

图4-31　专题页纵向导航条

（3）设计屋檐背景元素：使用钢笔工具勾勒出屋檐的轮廓，并为其添加高光、抽象的瓦片，完成效果如图4-32所示。

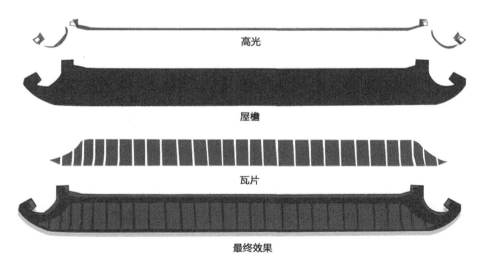

高光

屋檐

瓦片

最终效果

图4-32　专题页纵向导航条

（4）设计按钮元素：绘制两个颜色相同，但宽度与高度不同的圆角矩形，通过合并形状命令，将其合并为按钮的边框；复制按钮边框，修改其颜色，使用直接选择工具调整其宽度与高度，最后将两个按钮边框叠加在一起，最终效果如图4-33所示。

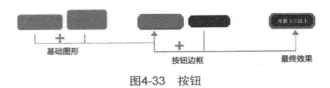

图4-33　按钮

（5）设计匾额：使用矩形矢量工具绘制匾额的基础图形，运用直接选择工具将其形状修改为梯形；为梯形添加"斜面和浮雕"图层样式；复制匾额外层，修改其颜色，去除图层样式；在匾额外层边沿添加一圈花纹，完成效果如图4-34所示。

图4-34　匾额

（6）设计灯笼：置入灯笼素材，放置在屋檐右侧，使用钢笔工具绘制悬挂灯笼的绳子，为其添加黄色外发光图层样式。最后，按照低保真原型图排版各个招聘区域的文字内容。其他元素的设计相对简单，本节不再赘述，最终完成效果如图4-35所示。

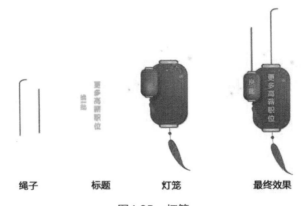

图4-35　灯笼

【素材位置】素材/第4章/01搜猎网专题页设计

4.4.3　页脚区域设计

搜猎网春季招聘专题页页脚区域设计完成的最终效果如图4-36所示。

图4-36　搜猎网专题页页脚区域

由于专题页本身是在官网或旗舰店临时性新增的页面，所以专题页的页脚区域可以直接沿用原来的页脚区域，不必重新设计。当然，如果原来的页脚区域风格与专题页整体风格不协调，网页UI设计师也可以考虑重新设计，甚至直接忽略页脚区域。

　　无论是专题页还是普通企业网站的网页，在设计页脚区域时，都不宜过度修饰，只要能有效传达品牌理念，辅助其他页面更好地展示内容，利于用户的交互操作即可。

　　搜猎网春季招聘专题页页脚区域设计步骤如下。

　　（1）底部导航条设计：又称页脚导航条。底部导航条与顶部导航条定位的内容有所区别：顶部导航条更注重产品、活动与服务的推广，注重用户的使用体验；底部导航条更注重品牌、企业、团队的介绍，常见的内容包括关于我们、企业招聘、地图导航等类目。页脚区域的文字不宜过大，一般使用**12px**常规微软雅黑字体即可。图**4-37**所示为搜猎网底部导航条。

图4-37　底部导航条

　　（2）友情链接与版权信息设计：企业网站的页脚区域往往会有其他同类合作企业的网址链接，用户通过友情链接可实现站外链接跳转。这是企业搜索引擎优化的有力手段，即通过交换网址链接，加大对自身网页的推广力度。如图4-38所示，通过搜猎网可跳转到优设网、人人都是产品经理等网站，同时其他网站也可以跳转到搜猎网，为搜猎网引流。

图4-38　底部导航条

【**素材位置**】素材/第4章/01搜猎网专题页设计

经验分享

　　（1）专题页设计的细节。

　　➤ 头图要有延展性，要注意宽屏分辨率下的头图显示特点。

　　➤ 为按钮、翻页等交互元素设计各种状态，会带来更好的用户体验。

　　➤ 为保证专题页自身视觉设计的延展和统一，应注意专题页附属的弹层、对话框等细节的设计。

　　➤ 专题页图层众多，设计师完成设计交付给前端的同事时，应该对图层进行分组。如果文件体积太大，就要删除或隐藏无用的图层。

　　➤ 提交专题页设计稿时，尽可能采用不同的图片、数目参差的正文来替代设计稿中的模拟内容，这样能够发现一些被忽略的问题（如文字过多溢出，以此来进一步调整间距等），重要的是可让专题页看上去更像是一个即将上线的真实页面，能更好展现设计的最终面貌。

　　➤ 设计师与相关部门人员的良好沟通可以加深对专题页需求的理解，可以更准确地把握设计需求，避免出现返工等问题。

　　（2）快速完成专题页的技巧。

　　➤ 确立自己的固定模板：规律性比较明显的活动专题=标题+时间+活动说明+活动奖励。

　　➤ 模仿成功案例：模仿成功案例中的优秀亮点，如"结构""质感""样式""配色""氛围"等。

本章作业

根据本章介绍的专题页相关理论知识与设计思路，设计淘宝彩票推出的"龙抬头"活动专题页，完成效果如图4-39所示。设计的页面样式可与提供的效果图有所区别。主要设计要求如下。

（1）页面结构：页面需包含完整的头图与主要内容区域，其他模块网页UI设计师可视情况自行添加。

（2）页面布局：内容区域需使用卡片化设计，按照"楼层"对不同模块的内容进行排版和设计，保证页面信息清晰、易于阅读。

（3）页面配色：可参考效果图的配色进行设计，也可以重新定义界面中元素的配色方案，但要注意色彩的统一协调，建议使用饱和度偏高的色彩进行搭配。

（4）素材整理：头图部分的手绘中国龙、内容区域的红包等元素需使用钢笔工具进行绘制；对于图标素材，网页UI设计师可以按照本章介绍的素材整理思路进行收集整理。

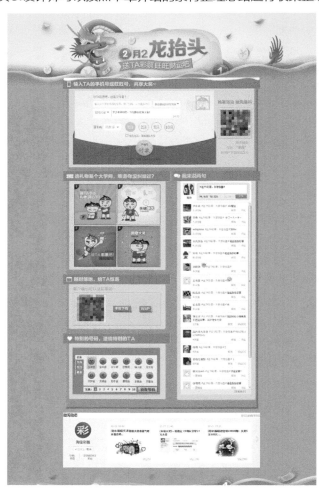

图4-39　淘宝彩票专题页

【**素材位置**】素材/第4章/02淘宝彩票专题页设计

第 5 章

游戏类网站改版UI设计

学习目标

- ➢ 了解网站改版在技术、视觉和战略层面可能涉及的因素。
- ➢ 掌握网站改版需要遵循的3个基本原则。
- ➢ 熟悉网站改版的基本流程，能梳理旧网站中的视觉问题，并提出可行性建议。
- ➢ 掌握游戏类网站改版UI设计的思路以及方法。

本章简介

2018年11月，腾讯公司发布的财报显示，腾讯视频付费会员数已达8200万人，同比增长79%。腾讯QQ付费会员数量曾一度没有什么增长，经腾讯最具规模的用户体验团队改版"QQ会员到期催费"页面，将纯文字模板改版为动态模板后，催费页面点击率和付费转化率实现质的飞越，付费用户数量在短短一个月内比原来增长5.4倍。

事实上，大部分网站在上线了一段时间后，出于种种原因，都需要改版、更新。网站改版的原因很多，可能是出于跟进设计潮流的需要，为用户打造更好的视觉体验；也可能是出于拉升活跃用户量的需要，实现网站商业价值更大化的诉求。本章将围绕"秦门争霸"项目案例（该案例是满足教学需要的虚拟案例），详细讲述游戏类网站改版设计的相关知识。

5.1 项目介绍

5.1.1 项目概述

"秦门争霸"游戏属于大型多人在线竞技类网络游戏，自2011年公测至今，已积累起庞大的用户量。"秦门争霸"游戏从2018年开始，其营业收入明显下降。

"秦门争霸"游戏中文官方网站于2010年上线，在运营的不同阶段，网站曾进行过不同程度的改版更新。现为了配合市场的宣传推广，为用户营造更优的游戏体验，需要设计团队对网站页面进行一次全面的改版更新。

5.1.2 网站改版UI设计要求

任何一款游戏都有其生命周期。作为成熟产品，"秦门争霸"游戏面对开始紧缩的市场份额，要求设计部门结合目前的生命周期特点，对官方网站进行重新定位，并进行一次有针对性的改版，具体要求如下。

（1）视觉吸引力强：改版后的网站需通过具有视觉冲击力的主视觉大图，华丽的高亮色调、荧光色，以及流行的眩光素材，提升网站的视觉冲击力；另外还可以融入一定的动效元素与音乐元素，加强游戏的战斗氛围。

（2）用户浏览舒适：设计师应重新梳理网站的架构层以及表现层，通过颜色和模块区分不同层级的内容。比如，对于能通过留白间距表现层次的内容，尽量去除不必要的分割线，让内容清晰呈现，让用户在浏览过程中感觉舒适。

（3）优化视觉平衡：设计师根据不同模块提供的效果特性做出最优化的设计处理。比如时间最新、人气最高的资讯，核心功能的介绍等重点内容需要突出展示；对于低价值的信息要进行视觉弱化处理。

（4）视觉特色渗透：根据单点设计元素形成一套属于"秦门争霸"游戏官方网站的设计语言，全面体现"秦门争霸"游戏的视觉特色，并渗透到每个子模块的具体设计中，从而强化整体视觉风格的品牌效应。网页UI设计师具体可以通过有个性的图标、有趣味的动效形成"秦门争霸"游戏的视觉设计语言。

5.2 网站改版UI设计的相关理论

网站改版UI设计能帮助企业摆脱以往陈旧的网站模式，展示企业的新形象，提升企业竞争力。但是网站改版前，设计师及相关人员需要先对原网站界面进行诊断，找出其存在的问题及相应的改进方法，而不是盲目地去重新建设新的网站界面。

参考视频：英雄联盟——游戏类网站改版UI设计（1）

5.2.1 网站改版的原因

网站改版必然给企业带来一个全新的改变。图5-1所示为中国铁路客户服务中心网站（12306网站）改版前的界面。在页面布局方面：首页采用三栏式布局，整体版面显得十分拥挤；在信息传达方面：页面内容没有按照信息层级的重要性进行布局，用户登录该网站的首要目标是购票，而非了解12306网站最新动态；在页面风格方面：按钮配色采用了带有轻微质感的渐变按钮，这种设计风格早已不是当下的主流设计风格。

图5-1　网站改版前效果

图5-2所示为12306网站改版后的界面。改版后的官方网站采用扁平化的设计风格，对首页中的配图进行了重新设计，将用户最需要的购票功能放置在Banner左侧最明显的区域，在视觉表现方面给用户更现代化、更国际化的感觉。

图5-2　网站改版后效果

企业网站改版一般基于以下3个方面的原因。

1. 技术层面原因

原官方网站设计时所使用的技术已严重过时，用过时技术设计出来的网站已经不符合互联网发展的趋势，因此需要对官方网站进行改版和更新。2000年以前，有相当一部分企业使用Flash制作网站，Flash往往需要借助其他富媒体才能实现一些动画效果，但是这些动画在加载时，往往比较卡顿，严重影响用户体验。目前比较主流的是使用HTML5编写前端的代码，动画可以通过编辑器实现，无须借助其他富媒体。

除此以外，由于技术的原因，网站存在大量漏洞，有受到黑客攻击、数据被盗取等风险，还容易出现网站维护力度大，非网站管理人员无法操作其后台等问题。

2. 视觉层面原因

在企业标志或形象识别系统发生变更后，原先的网站色彩搭配、视觉风格，往往容易出现与企业品牌形象不相符的情况。此时，企业需要考虑重新设计官方网站的整体界面，以传递企业品牌形象变更的信号。

除此之外，为了提高官方网站的访问量，使其更符合当前设计的潮流，更符合大众审美的需求，更易于市场运营对外宣传推广，企业官方网站都需要做出相应的变化。

3. 战略层面原因

企业运营模式或企业战略发生变化时，企业的官方网站也应体现出这种变化。如一个产品型的企业，其官方网站的所有功能为实现企业价值更大化而存在，很少考虑用户的使用体验，随着时间的推移，必将引起越来越多用户的不满，导致用户的大量流失。此时，企业就要平衡企业利益与用户利益，将产品型网站向用户体验型网站转移。

事实上，当企业品牌方针发生变化时，也确实需要网络营销做出适当变化，以配合最新的品牌宣传、营销推广。例如，企业推出新产品时，往往需要透过官方网站向广大用户传递新品发布的信息。

5.2.2 网站改版的原则

网站改版是为了更大限度地满足用户需求和商业需求。为了能够使网站改版更加顺利，设计师在改版前需要注意如下几点。

1. 充分调研后再重新设计

设计师应采取用户调查、数据挖掘等方式收集用户对功能的需求，同时和管理层确认有关企业整体发展的改版需求，并把各方面需求汇总和整理，供改版时使用。完善的需求调查对网站改版有着极为重要的意义：①使产品团队在进行产品设计和开发时，有据可依；②减少由于需求变更带来的时间和用户损失。

2. 结构改版循序渐进

网站改版尽量做到循序渐进：如果需要改5个频道，那就一个一个地改；如果需要改10个功能，那也一个一个地改。在改版之前，企业应该先让用户知道哪些功能会改，改成什么样，改过之后有什么好处，给用户一段时间学习和适应新功能。如果网站改版太彻底，往往会导致用户的流失，造成损失。

企业有时候会将网站改版任务外包给第三方企业，第三方企业通常会集中在一个时间段对整站进行改版。如果网站本身规格并不复杂，且规模不是很大，整站改版也很常见。

3．用户习惯尽量不改

用户的好恶是检验网站改版是否成功的一个重要标准。在网站改版的过程中，一些曾受到好评的功能，如果与商业利益或者高层意志相左，最好能够保留用户原有的使用习惯，能不改尽量不改。否则，用户将花费大量的时间去适应新的习惯。如果有非改不可的理由，请在第一时间给用户明确的指引和帮助。

5.2.3　网站改版UI设计的流程

网站改版的基本流程可以简单概括为4个字：起、承、转、合。这4个字在改版设计、音乐演奏、文学创作中都经常遇到。下面就针对这4个步骤进行详细的介绍。

1．起

所谓起，可以理解为兴起、起源。网页UI设计师的实际工作虽然更多的是执行项目组分派的任务，对于战略层以及决策层无权干涉，但是对于网页改版的缘由和起因，应该有所了解，这样才能在实际改版设计过程中有的放矢。

企业官方网站中存在的技术以及战略问题，更多的是由企业的领导以及产品经理来解决。而对于视觉层面的问题，网页UI设计师需要通过多学习和积累经验，在项目头脑风暴会议中指出。

一般情况下，网页UI设计师需要从以下4个方面，整理旧网站中存在的问题。

（1）布局：以前的官网大多采用三栏式布局，页面显得比较拥挤，不利于用户阅读和浏览；目前大多网站采用开放式布局或分屏式布局，一屏一个模块，使用户浏览时体验更佳。

（2）色彩：配色方案是否与企业视觉识别系统一致，是否符合目标用户的群体特征，是否与企业产品的气质相符，是否与当前设计潮流中的主流配色吻合，这些都是网页UI设计师需要考量的因素。

（3）规范：旧网站如果由技术、设计能力一般的团队开发，往往还存在大量代码规范以及设计规范的问题。网页UI设计师需要检查网站中元素是否对齐，同一层级中文字配色、文字大小是否一致等问题。

（4）体验：用户体验是网页UI设计师需要关注的问题，战略层往往比较关注网页的宣传效应，而忽视用户体验。网页UI设计师可以检查页面中是否存在大量影响用户阅读的广告，是否存在重要信息入口不明确、页面加载速度太慢等问题。

2．承

所谓承就是传承、承接。网页UI设计师在改版过程中，应该对原网页中合理的部分予以保留。用户量、访问量都特别大的网站，往往牵一发而动全身，稍微改动一点，就能引起"蝴蝶效应"。新浪微博曾将微博用户头像从方形更改为圆形，导致部分用户头像出现遮挡现象，如：江宁在线的官方微博头像为"江宁在线"4个字，改版后"江"字容易被误看成"辽"字。

虽然将头像从方形改为圆形更符合对头像的定义，但是单方强制性更改显然没有顾及用户的使用体验。网页改版更新，在更改用户的使用习惯、交互习惯方面需要尤为慎重。一般来说，用户使用习惯的培养与更改，需要较长的时间，所以必须给用户一个过渡适应期，新版网页还可以提供切换回旧版本的功能。

另外，除了网页交互方式不应轻易更改外，网页中的核心业务内容、原有的功能模块都不宜变动过大。确实需要变更的页面与功能，网页中应有新功能操作指引、改版说明等。

3. 转

所谓转就是转变、转换。如果说"起"是对网页UI设计师发现问题能力的考验，那么"转"就是对网页UI设计师解决问题能力的考验。网页UI设计师指出旧网站的问题之后，需要提出行之有效的改进建议，以使后面的改版工作可以顺利推进。

一般情况下，网页UI设计师可以沿着发现问题的方向深入挖掘，以求可行的落地方案。如网页布局方面，可以寻找有参考价值的网页，通过讨论会，向产品经理及其他团队成员展示改版设计即将使用的页面布局形式，以征求团队成员的意见。网页布局是具有共性的设计问题，网页UI设计师除了参考竞品的布局方式以外，还可以参考跨行业企业网页的布局方式，也可以提出更为新颖的布局形式，但前提是新布局必须符合目标用户的操作习惯。

在配色方面，网页UI设计师可以参考近年来流行的配色方案，诸如激光风格的配色、双渐变色的配色、简洁中性色混搭以及经典的黑白灰设计等。多对比几套配色方案供客户选择，是设计稿快速获得客户认可并通过的有力保证。

4. 合

所谓合是指整合、融合。网页UI设计师可能已经提出了非常好的改版意见和建议，并且已经执行实际的改版设计工作了，但是按照所有的建议进行设计以后，会发现页面有不伦不类、生硬别扭的感觉。这是由于没有做好整体视觉风格的统一、元素间的协调工作而出现的视觉失衡现象。比如，网页UI设计师为网页设计了一套别出心裁的MBE风格的图标，然后将其应用在一个简洁、无色、高冷的网页中，卡通化、可爱、圆润的MBE风格（由法国设计师MBE于2015年在Dribble网站上发表的一种图标风格）会将其原有的视觉效果打乱。所以，网页改版设计之后，还需要对旧网站进行全面的整合。一般情况下，网页UI设计师需要整合的内容包括：视觉风格的统一、页面布局的统一、图片色调的协调、字体样式的统一、控件图标的统一、留白间距的统一等。网页UI设计师可以在设计以前，建立起完善的设计规范以及栅格系统，避免出现设计不规范的现象。

5.3 项目设计规划

随着互联网的不断发展以及用户需求的不断变化，网站需要不断更新来满足用户需求的变化。设计师既要对用户提出的需求文档进行分析，也要对既有的网站进行综合评估，找出已有网站存在的问题及相应的解决方法。

5.3.1 项目需求分析

1. 对旧版网站进行分析

从"秦门争霸"游戏的画面以及原画等素材（如图5-3和图5-4所示）来看，其视觉定位属于暗黑、魔幻、重质感。而且，以往的几次网站改版都是结合游戏本身的重色系和重UI来设计的。
旧版网站引导页如图5-5所示。

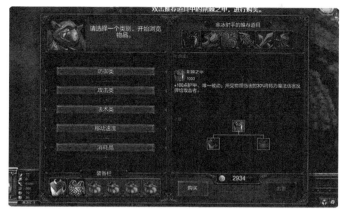

图5-3　旧版游戏界面

图5-4　游戏原画

图5-5　旧版网站引导页效果

通过对旧版网站的分析以及用户调研得出以下信息和改版重点。

（1）用户比较关心的"免费英雄"版块，在旧版网站中放置在了不太起眼的位置，这次改版需要将这个版块安放在更合理的位置。此次改版的初步方向是为用户传达更多信息，页面趋于简单，架构清晰。

（2）用户在游戏资料、新手引导、下载游戏、视频专区以及长期活动和功能等方面的关注率比较高，所以此次改版需要对网站的导航进行内容梳理，将用户重点关注的模块前置，从而让网站整体的导航架构更清晰明了。

（3）游戏下载按钮是用户端最重要的按钮，此次改版后的游戏下载按钮应出现在明显的区域来引导用户进行游戏下载。

2. 视觉风格定位

从用户提供的需求以及调研分析得出，"秦门争霸"游戏的主要用户是喜好竞技类网站游戏的群体，他们多数是通过社交网络了解"秦门争霸"游戏从而转化为用户的。作为一个成熟的游戏产品，"秦门争霸"游戏目前的定位不再是通过网站进行市场推广和游戏风格营造，而是把大量的游戏信息、游戏攻略、游戏视频、游戏活动等内容推送给用户。

在传递信息的同时，为了减少其他元素对用户阅读造成的干扰，设计师应在网站首屏中保留游戏网站常见的重色调，并加入更华丽的高亮色调、荧光色和流行的眩光素材，提升网站的视觉冲击力；第二屏以后则采用浅色调，削弱重质感，降低画面的重色，使网站内容更容易阅读。

3. 对新游戏UI元素进行分析

设计师分析了"秦门争霸"游戏界面的新UI元素后，发现在秦门争霸第三赛季推出的同时，拳头公司对秦门争霸游戏风格进行了一次重新定义，主要色彩从原本的蓝色调变成了绿色调，UI元素质感也变得更为细腻，整体设计更具个性，更有辨识度。图5-6所示为游戏商店新UI元素，图5-7所示为游戏按钮新UI元素，图5-8所示为游戏操作界面新UI元素。

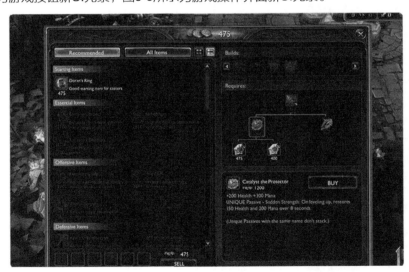

图5-6　游戏商店新UI元素

图5-7　游戏按钮新UI元素

图5-8 游戏操作界面新UI元素

5.3.2 项目功能和层级梳理

1. 确定布局规划

设计师可以结合项目改版分析，将区块进行优化，对内容自上而下地进行重要层级划分，最终得出新版网站布局图，如图5-9所示。

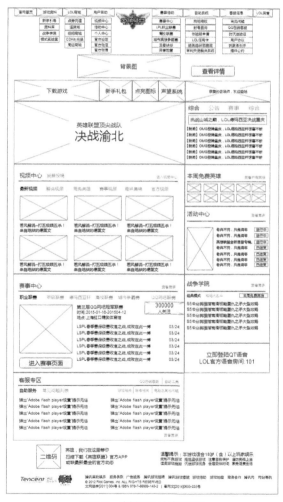

图5-9 新版网站布局图

2. 色调规划

轻质感的设计可以改善阅读信息的体验感。这种设计能够直接用网页代码写出来，而不需要使用图片，这样使得用户载入网站时的速度更快，能减少服务器的压力。

　　游戏网站的色彩在色系上如果和游戏本身的色彩保持一致，就会让用户有很强的带入感和熟悉感，比如"魔兽世界"游戏（著名游戏企业暴雪制作的一款大型多人在线角色扮演网络游戏）是以冒险、怪兽征服为主题的，如果网站用粉色系来制作，就会给用户不伦不类的感觉。

　　在"秦门争霸"游戏网站的色调规划上，设计师保留了旧版网站的重色主基调——深蓝色调，同时提取了新版"秦门争霸"游戏UI元素中的橙红色和青绿色，并加入了内容区块的浅灰色。网站头部延续"秦门争霸"游戏旧版网站的重质感设计，使得用户的游戏带入感更强，同时也增强了首屏的视觉冲击力；内容区块选用轻质感的浅色调来搭配，从而能够更加清晰地传播信息。"秦门争霸"游戏网站的大体配色如图5-10所示。

图5-10　配色方案

5.4　网站改版UI设计实操

"秦门争霸"游戏网站改版设计的完成效果如图5-11所示。

参考视频：英雄联盟——游戏类网站改版UI设计（2）

图5-11　"秦门争霸"游戏网站改版后首页效果

5.4.1 首屏区域设计

"秦门争霸"游戏网站首屏区域设计完成效果如图5-12所示。

图5-12 首屏区域设计完成效果

用户的视觉重心主要集中在首屏区域,因此首屏区域的视觉设计需要有足够的冲击力,具体可以通过以下几点来体现。

(1)使用高分辨率、超大、酷炫的游戏大图作为背景图,带给用户视觉冲击感。

(2)导航醒目、易用,将常用的功能平铺展开作为页面的一部分展示给用户,便于用户快速点击,重要功能和热门功能前面均使用高亮的小图标进行引导。

(3)按钮设计选取橙红色作为底色,文字颜色配以白色,从而更加醒目和突出。

(4)游戏强调的是沉浸式体验,网页中也要营造出情景式的体验。

"秦门争霸"游戏网站首屏区域UI设计步骤如下。

(1)确定基本框架:新建一个1440px×900px的画布,分辨率为72ppi,使用选区工具去除辅助线,确定主体内容宽度为1000px,头部区域高度为42px,导航区域高度为68px,效果如图5-13所示。

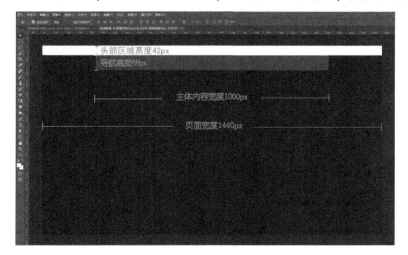

图5-13 确定基本框架

（2）头部区域设计：置入主视觉大图，使用矩形工具绘制头部区域下方的白色背景，排版头部区域中的腾讯游戏Logo及其他图标，效果如图5-14所示。

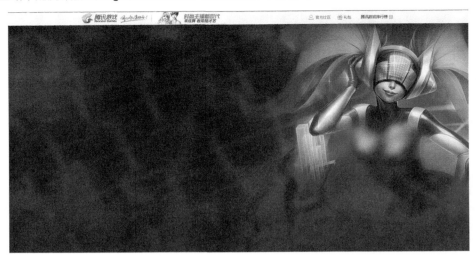

图5-14　头部区域设计

（3）导航区域设计。

① 一级导航设计：将"秦门争霸"游戏Logo居中排版，使用渐变叠加、斜面和浮雕等图层样式制作口号"英雄，去超越！"的文字效果；使用圆角矩形工具绘制导航下方的背景，降低其不透明度，适当添加内阴影与投影效果，将中英文导航文字进行等间距排布，中文字体设为微软雅黑常规犀利16px字体，英文字体设为Arial常规犀利10px字体，效果如图5-15所示。

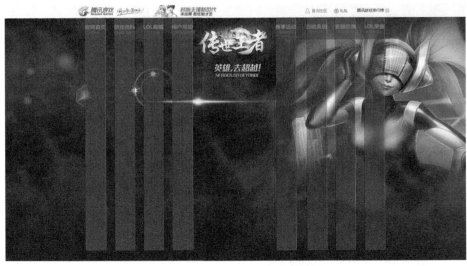

图5-15　一级导航设计

② 二级导航设计：二级导航在用户鼠标悬停及滑过时出现，使用12px微软雅黑常规像素化字体。由于字体较小，所以建议抗锯齿效果设为"无"，所有文字与一级导航居中对齐，通过"new"与"hot"的小图标提示用户当前最新、最受欢迎的资讯。效果如图5-16所示。

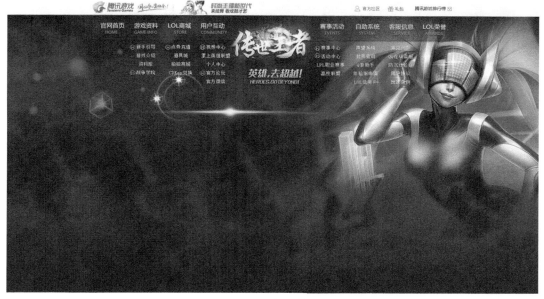

图5-16 二级导航设计

（4）轮播图标题设计：对轮播图中的主标题与副标题进行合理排版，并为其添加渐变叠加等图层样式，使用圆角矩形工具绘制按钮，主要按钮的样式与标题样式保持一致；最后使用画笔工具添加紫色光晕效果，并置入光效素材，装饰主标题与副标题，效果如图5-12所示。

在对按钮进行设计时，要遵循易点击、易识别、醒目突出的特点，同时考虑按钮的不同状态，分别给出设计图。如一个按钮包含默认状态、悬停状态、禁用状态这3个状态，那么设计师就应该提供给程序员这3种不同状态的设计图。

【素材位置】素材/第5章/01 秦门争霸官网轮播图设计

5.4.2 主要内容区域设计

主要内容区域UI设计要便于用户阅读，主题明确，以确保用户能迅速找到所需要的资料。在首屏和主要内容区域交界处的处理上，采用渐变的衔接方法，如图5-17所示，避免重色和浅色直接衔接产生突兀感，主要内容区域UI设计的完成效果如图5-18所示。

图5-17 首屏与内容区域衔接处理

图5-18　主要内容区域UI设计完成效果

"秦门争霸"游戏网站主要内容区域UI设计步骤如下。

（1）划分视觉占比：根据图5-9可知，主要内容区域采用两栏式布局，两栏式布局中两个版面的比例一般为黄金分割比例，大约为0.6:0.4；至于上、下两个紧靠的模块，在分割时最好避免1:1均分。图5-9中上、下模块的比例约为1:2。模块视觉占比效果如图5-19所示。

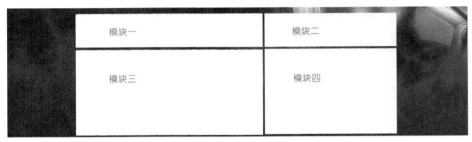

图5-19　模块视觉占比效果

（2）模块一设计：模块一内主要是各类图标、按钮的设计。注意"下载游戏"按钮与其他三个图标的区别，建议通过暖色调突显其重要性。图标中的光影效果可使用画笔和剪切蒙版命令绘制出来，图标中的火焰效果可以通过置入火焰素材并修改其混合模式得到；右侧小图标中的主标题与副标题需要通过字号大小与字体颜色进行层级区分，完成效果如图5-20所示。

图5-20　模块一

（3）模块二设计：模块二只有一个主题内容，采用常规的左右列表式布局，对图标与文字进行排版即可。由于文字较多，设计师要注意突出主要内容信息，弱化其他低价值的内容信息。完成效果如图5-21所示。

图5-21　模块二

（4）模块三设计：模块三为渝北决战门票预售的快速入口，可以使用轮播图的形式展示其购票入口（一般这类图片区域，在后期的运营过程中会不断更新）。网页UI设计师在使用目前所展示的渝北决战宣传图时，要注意其形式美感与色调。图片占据的视觉面积较大，必须保证其色调与整体网站配色是协调统一的。当前区域的明度、饱和度与网页的明度、饱和度相差不大，如图5-22所示。

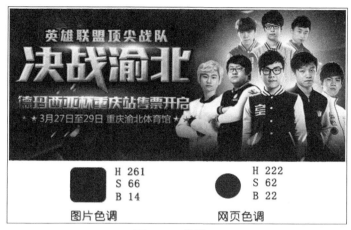

图5-22　模块三

（5）模块四设计：模块四为信息公告栏。设计师可以通过选项卡将各类资讯分类排版，要注意其背景色与整体色调保持一致，通过色彩的明暗，区分选项卡的交互状态，表现出高亮显示状态与常态的差异。效果如图5-23所示。

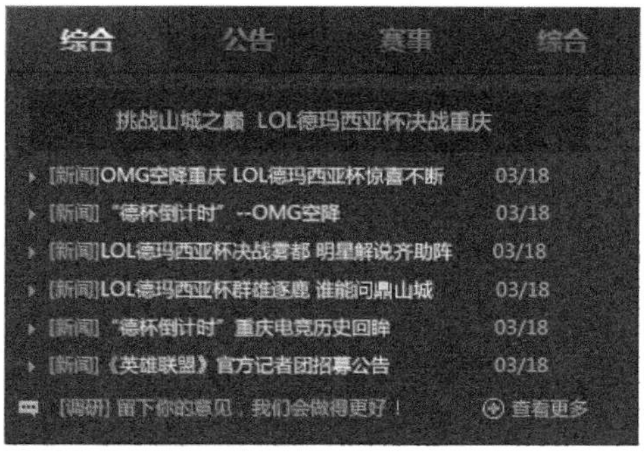

图5-23　模块四

【素材位置】素材/第5章/02 秦门争霸官网改版设计

5.4.3　次要内容区域和底部区域设计

"秦门争霸"游戏网站次要内容区域和底部区域设计完成效果如图5-24所示。

"秦门争霸"游戏网站次要内容区域和底部区域UI设计步骤如下。

（1）视频中心等模块的设计：视频中心模块与本周免费英雄模块为网格式布局，各个模块之间的比例是相同的，所以在排版时最好使用网格系统对其进行对齐；活动中心模块是左右两栏式布局，设计时注意正在进行活动与已结束活动之间的区别。设计效果如图5-25所示。

图5-24　次要内容区域和底部区域UI设计

图5-25　视频中心等模块

（2）赛事中心等模块的设计：赛事中心与战争学院两个模块位于整个页面的中间部分，一般用户浏览到的概率相对较少，在设计时可以将一些低价值的内容信息放置在该区域展示。另外，由于赛事中心模块衔接了视频中心与客服专区两个模块，而当前页面没有使用分割线对上下模块进行分割，所以需要通过大面积的留白体现出赛事中心模块与上下两个模块之间的区别。一般情况下，赛事中心模块内的内容，其上下之间的间距要小于两个大模块之间的间距。完成效果如图5-26所示。

（3）客服专区模块的设计：客服专区除了为用户提供必要的人工支持以外，还要将用户经常遇到的问题分类罗列出来，用户通过阅读常见问题提示，可自行解决问题。完成效果如图5-27所示。

图5-26　赛事中心等模块

图5-27　客服专区模块

（4）页脚区域设计：页脚区域除了腾讯Logo、底部导航条、版权信息与网站备案号以外，还添加了二维码和温馨提示，完成效果如图5-28所示。

图5-28　页尾完成效果

【素材位置】素材/第5章/02 秦门争霸官网改版设计

经验分享

游戏网站的整体排版可以遵循以下几个原则。

（1）平衡：指画面的图像文字的视觉分量在左右、上下几个方位基本相等，分布均匀，能达到安定、平静的效果。

（2）呼应：在不平衡的布局中采取的补救措施，让一种元素同时出现在不同的地方，形成相互的联系。

（3）对比：利用不同的色彩、线条等视觉元素相互并置对比，形成画面的多种变化，达到丰富视觉效果的目的。

（4）疏密：疏是指画面中形式元素稀少（甚至空白）的部分，密是指画面中形式元素繁多的部分，在网页设计中采用适当的疏密搭配可以使画面产生节奏感，体现出网站的格调与品位。

本章作业

按照网页改版设计的流程，对"跳三跳"官方网站进行改版设计。"跳三跳"官方网站原首页视觉效果如图5-29所示，改版后的效果如图5-30所示，在具体改版设计中可以与效果图有所差异。具体设计要求如下。

（1）网页布局：首页界面采用分屏式布局，包含完整的头部区域、轮播图区域、主要内容区域以及页脚区域4个主要的结构。

（2）页面内容：体现"跳三跳"经营中国田鸡火锅的品牌优势。

（3）主要内容区域分为"关于我们""跳三跳美食""联系我们""招商加盟"4个模块。

（4）网页配色：根据企业视觉识别系统，对网页进行配色，保持旧网站中主色调为红色、背景色为白色的配色方案，整体页面配色需要更时尚化、年轻化。

图5-29　旧网站

图5-30 新网站

【素材位置】素材/第5章/03"跳三跳"网站改版设计

第 6 章

企业网站信息管理后台UI设计

学习目标

➤ 了解网页设计中常见的后台产品类型，熟悉各种后台产品的特征及设计要点。

➤ 了解后台产品的界面特征，掌握后台产品界面的常见结构。

➤ 掌握后台产品目标用户分析的思路，熟悉信息架构图、产品流程图和线框原型图之间的区别与联系，掌握后台产品功能层级梳理的方法。

本章简介

互联网产品按照面向的对象，可以分为A端产品、B端产品以及C端产品。A端产品面向的对象是开发工程师，所以被称为开发界面；B端产品面对的是商户，即企业本身，被称为后台界面。网页UI设计师在工作中，接触最多的是C端产品，C端产品针对的是个人用户，因此被称为用户界面。

如果说用户界面是企业展示形象、发布产品的门面，那么后台界面作为企业管理商户、员工以及产品的重要平台，无疑是企业发展的后方根据地。B端产品在设计需求与设计方法上与C端产品存在较大差异，网页UI设计师需要深入了解企业的业务逻辑，并在此基础上优化界面的操作逻辑，才能设计出符合企业发展需求的后台界面。本章围绕北大青鸟OA系统项目，详细讲述后台界面的设计理论及思路。网页UI设计师在深入了解企业业务逻辑、企业人员架构的基础上深入分析后台产品的项目需求，依次设计后台产品的信息架构图、产品流程图和线框原型图。

6.1 项目介绍

6.1.1 项目概述

北大青鸟是国内知名的IT职业教育机构，成立于1999年。截至2018年，北大青鸟全体教职员工有万余名，授权培训中心有200余家，合作院校近600所、覆盖全国60多个重点城市。

参考视频：企业OA
系统界面设计（1）

随着企业业务增长，审批类业务不断增多，跨部门、跨地域审批显然十分浪费时间及人力成本。为了让企业工作更加高效，企业开始大力推行无纸化办公、低碳办公，在推行业务标准化、流程便捷化的过程中，需要一个后台管理系统对企业进行有效管理，精简工作流程，减小工作量。

6.1.2 信息管理后台UI设计要求

1. 功能需求

北大青鸟OA系统的产生主要是为了打造企业内部员工高效、规范、环保的办公方式，它需要具备以下基本功能。

（1）登录界面：用户通过输入用户名、密码、验证码进行在线登录。

（2）我的桌面：及时提醒用户待办事务，还有系统最新公告、常用工具以及便签等功能。

（3）系统设置：用于存储、展示各部门岗位信息，高级用户可以对相关功能做出调整。

（4）个人信息：用于保存个人用户的资料以及待办事务等（与"我的桌面"相链接）。

（5）公共信息：对企业的通讯录、图书、羽毛球场、会议室、训练营等资产与信息进行管理，普通用户可以在线预订与查看资产使用状况，高级用户可以对信息进行审批、发布、更新。

（6）业务流程：包含与人事、行政、市场、技术体系等相关的具体业务，如人事招聘、员工请假等功能。

2. 视觉要求

（1）视觉风格：页面风格统一，简洁大气，体现出时代感与科技感，符合IT职业教育产品的气质内涵，能展现互联网行业教育大品牌的企业形象。

（2）页面布局：页面宜采用左右式布局，左侧为导航栏，右侧为页面主要内容，保证界面视觉的稳定性，切忌使用具有动感的构图方式。

（3）页面配色：页面主色调需与企业的视觉识别系统相符，背景色建议采用白色。页面整体视觉能体现职业教育互联网企业的精神风貌。

（4）信息传达：必须保证功能的可用性，信息的可读性；用户可以清晰阅读系统中的相关信息。

6.2 后台产品UI设计相关理论

6.2.1 后台产品的常见类型

不同行业、不同职能部门之间的后台产品千差万别，因此后台产品的类型非常多。网页UI设计师常接触到的后台产品包括客户关系管理系统、办公自动化系统、业务管理系统等。

1. 客户关系管理系统

客户关系管理系统即CRM（Customer Relationship Management）系统，它是企业管理客户档案、营销线索、营销活动、业务报告、销售业绩的先进工具，适合企业销售部门使用，能协助销售经理或销售人员快速管理客户以及业务方面的重要数据。

网页UI设计师在设计定制化的客户关系管理系统时，需要深入了解客户的内部业务，梳理客户业务的内部逻辑。这样做既能避免自身在设计界面时出现业务逻辑错误，也能为客户提供高效、便捷的营销管理界面。

客户关系管理系统的作用主要体现在3个方面：一是防止客户流失，二是提升客户转化率，三是管理销售业务数据。网页UI设计师需要熟悉其常见的功能，如合同管理、报价管理、收付款管理、客户管理、竞争对手管理、报表数据分析等。图6-1所示为常见的客户关系管理系统，包含了商机、客户、线索以及报表等栏目。

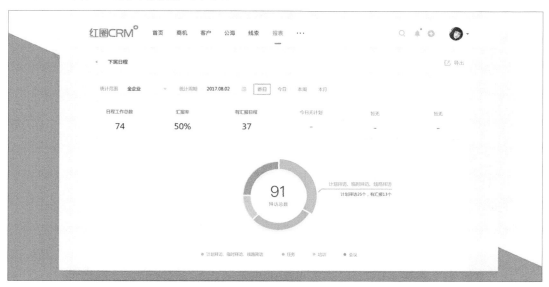

图6-1 客户关系管理系统

2. 办公自动化系统

办公自动化系统即OA（Office Automation）系统，它是将现代化办公技术与计算机技术相结合的一种新型办公管理系统。办公自动化并没有一个统一、明确的定义，一般泛指在传统的办公环境中，使用了新型的技术、机器、设备等。

相对于其他管理系统而言，办公自动化系统专业性较低，但综合性较强，涉及部门较多，流程相对较烦琐。办公自动化系统常见的功能包括：人事管理、设备管理、邮件管理、会议管理等。

有过大型互联网企业工作经验的网页UI设计师，对于办公自动化系统都不陌生。新员工入职，人事部门登记并录入新员工基本信息；员工因事告假，在线办理请假流程；员工需要向资产管理部门申请借用办公物品等，都需要经过办公自动化系统。

在手工办公的时代，文档的检索难度非常大。办公自动化系统则通过电子文件柜的形式实现文档的保管，按权限进行使用和共享。办公自动化系统支持多分支机构、跨地域的办公模式以及移动办公。如今，办公地域分布越来越广，移动办公和协同办公成为很迫切的需求，用户如果将文件保存在网盘或同步盘中，就能随时随地查看文件，有效地获得整体信息，提高反馈速度和决策能力。

网页UI设计师需要重点理解待办业务的具体流程，在界面设计时为客户构建完整的流程审批功能：流程门户、发起流程、待发流程、流程监控、办结查阅、流程转办以及流程代理。图6-2所示为常见的企业办公自动化系统。

图6-2　办公自动化系统

3．业务管理系统

业务管理系统即BSM（Business Service Management）系统，它是把以业务为重点的IT服务与IT基础设施之间建立起联系的软件。业务管理系统通过自动化的方式来提升岗位的操作规范性，由此降低故障发生的概率，并减少对若干高级技术人员的依赖。

业务管理系统常见的功能包括产品运营管理、业务流程管理、后端应用集成、企业平台战略优化以及解决方案协同等。

业务管理系统针对的主要目标用户十分明确，用户范围相对较窄，但这并不意味着业务管理系统是一个功能简单的后台产品。实际上，业务管理系统是所有后台产品中，专业性最强且理解难度最大的。网页UI设计师只有在深入理解其业务的基础上，才能设计出合适的界面，帮助内部专业人员提高工作效率。图6-3所示为电力能源行业的业务管理系统，运维人员需要对光伏电站的运营状态进行实时监控，具体包括对电池组件、汇流箱、逆变器、主接线图等组件状态的监测。

图6-3　业务管理系统

6.2.2　后台产品的界面结构

后台产品的界面信息虽然庞杂，但是其界面结构一般较为清晰，界面布局能给用户以稳定、高效、安全、可靠的视觉感受。本节以佳卓科技办公OA系统首页界面为例，具体介绍后台产品的界面结构。

1. 状态栏

状态栏即用户信息区域，用以显示当前用户的信息，包括用户头像、姓名、身份以及日期等信息。用户身份分为管理员、普通用户或商户等，如图6-4所示。

图6-4　状态栏

2. 用户导航区域

用户导航区域主要用来显示用户页面的导航部分。导航区域既可以是横向的，也可以是纵向的，还可以同时存在两种形式。图6-5所示为横向导航区域。纵向的导航又称为导航功能树，如图6-6所示。

图6-5　横向导航区域

图6-6　导航功能树

3. 主工作区

主工作区用于显示办公相关信息。设计师在设计的时候要考虑各个元素的各种现实状态，比如下拉菜单、弹出框、文字或按钮的不可点击状态等。图6-7所示为主工作区设计参考样式。

图6-7　主工作区

6.2.3　后台产品的界面特征

1. 内容专业性强

网页UI设计师着手设计后台产品界面的首要任务是对业务的充分理解，这一点对于UI设计尤为重要，对于网页设计师而言，也是极具挑战性的工作。针对具体业务而设计的业务管理系统通常专业性非常强，专业词汇多且多为英文词汇，所以网页UI设计师在进行界面设计时，往往存在较大的认知困难，因理解不充分或理解偏差常导致最终的设计不尽人意，因此很有必要对业务相关的专业知识先行了解，以最大化突显专业性。

图6-8所示是为企业设计的云平台后台运维系统，是常见的自动化运维系统。为实现网络的接入、内容的发布以及数据的传输，需要提供相应的计算、存储、数据库、网络、账号、认证授权、计量以及结算等功能作为支撑。网页UI设计师需要对分布式存储管理、分布式资源调度以及分布式一致性协同服务等知识有深入的了解，以期通过可视化数据帮助运维工程师实现监控报警、跟踪诊断、日志采集等功能。图6-9所示为ZABBIX的应用界面，运维工程师利用ZABBIX可完成对硬件信息或与操作系统有关的内存、CPU等信息的收集。

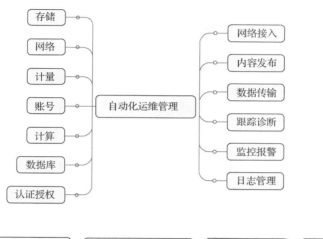

图6-8　自动化运维常见功能

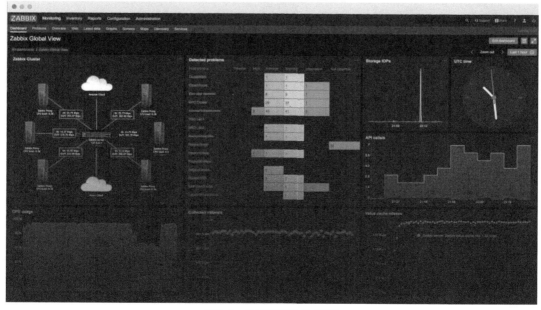

图6-9　ZABBIX工作界面

2. 内容数据可视化呈现

前端产品重视用户、场景、体验、转化和价值挖掘，而后台产品则专注于业务、逻辑、结构、控制和数据挖掘。后台产品本身的使命决定了其内容是庞杂的。业务之间的流转、信息的管理、与前端的对接、业务价值的挖掘等，都需要以大数据作为有力的支撑。所以，后台产品界面中必然存在大量数据间的转化、交换、输出与管控工作。

由于后台产品页面信息中常包含技术人员习惯使用的英文专业术语，网页UI设计师用图标或文字很难清晰表达其语义，且识别率较低。所以，后台产品的界面往往以图表、列表、表单等形式对数据进行可视化展示。图6-10所示为重庆理工大学进行迎新统计的大数据平台，界面通过柱形图、饼图以及地图等形式，展示各学院的报到人数、各个招生类别层次报到人数、全国各个省市报到人数。

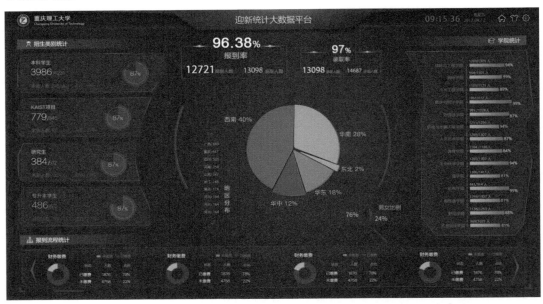

图6-10 数据化呈现

3. 需求层次存在差异

后台产品的需求层次差异体现在两方面：一是操作人员的技能差异导致的需求差别，二是目标任务本身的量级差异导致的需求差别。

虽然后台产品的主要目标用户非常明确，人员特征相对集中，但是网页UI设计师在设计前，同样需要对目标用户群体的特征进行深入剖析。一般情况下，设计师可以根据用户对界面操作的熟练程度，将其分为高级用户与初级用户。高级用户一般具备良好的操作水平，他们往往更注重操作效率；而初级用户对界面操作较为陌生，需要清晰的层级引导，每次不能聚焦太多目标任务，实行单线程操作更为合适。图6-11所示为后台产品中常见的操作指引页面。

后台产品的设计需要兼顾高级用户与初级用户的使用习惯，既能满足高级用户高效操作的需求，也能为初级用户提供必要的页面操作流程指引。另外，用户管理目标的数量级、权限、习惯不同，同样会派生不同的需求。例如：运维工程师同时管理100多个服务器，一个个升级显然很费事，此时后台应提供代码批量修改的功能；而对于运维数量较少的任务，后台应该提供选择服务器及对应版本，逐个完成处理的功能。

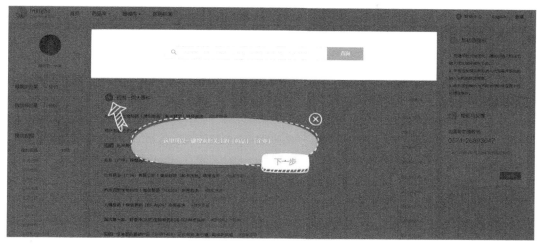

图6-11　操作指引页面

6.3　项目设计规划

在一些大型互联网企业中，项目需求文档、产品流程图、产品信息架构图以及产品原型图、项目设计规范等都是由产品经理和交互设计师完成的，但是大部分企业并不设立交互设计师一职，所以大部分交互工作仍然需要网页UI设计师与产品经理共同承担。下面我们就从产品经理的视角，对北大青鸟OA系统建设项目进行设计规划。

6.3.1　项目需求分析

北大青鸟的OA系统主要供企业内部员工使用。北大青鸟总部设有品牌市场部、区域市场部、教学就业部、项目管理中心、基础教育研究中心、互联网平台研发中心、新业务发展部、行政部、人力资源部以及财务部等，涉及的业务非常庞杂，员工也非常多，因此需要保证OA系统的流程清晰、功能齐全、操作便捷。

虽然北大青鸟OA系统针对的都是其内部的员工，但是产品经理仍需根据员工的工作年限、工作性质、职能权限等因素进行划分，从而区分不同的用户类型，为不同的员工配置不同的操作界面。下面就这3个因素对员工进行划分。

（1）工作年限：对于新员工与老员工，OA系统应当区分对待。对于新员工，系统应提供新手操作指南以及操作流程指引，帮助新员工快速熟悉企业的OA系统；对于老员工，系统应为其提供健全的搜索与批处理功能，因为他们往往要对其他同事的信息进行审批与处理，需要提高工作效率。

（2）工作性质：北大青鸟体系内的员工有万余名，涵盖行政管理、财务管理、教学管理、产品研发、运维管理、市场拓展等各个方面。不同工作性质的员工会有不同的操作习惯和不同的业务需求。一般情况下，人力资源部常使用的功能为人事管理，综合管理部主要使用的功能为资产管理。所以，为满足不同的业务诉求，系统功能应尽量全面、易用。

（3）职能权限：北大青鸟以总裁、总监、部门经理、职员对体系内员工的职位高低进行划分。北大青鸟OA系统应根据不同的职位为不同的员工赋予不同的用户权限。一般而言，普通员工应具有在线申请、编辑录入等权限，而部门经理及以上的管理人员应具有审批流程、发布公告等更多权限。

办公自动化系统的工作重点在于更好地为企业员工服务，提升企业的工作效率、规范企业的工作内容。由于主要面向企业内部，所以一般不需要做过多的竞品分析。当然，网页UI设计师在实际设计工作中，可以参考同行业或跨行业的办公自动化系统，设计出更为人性化的操作界面。

6.3.2 项目功能和层级梳理

网页UI设计师在着手设计后台产品的界面前，需要有完善的产品需求文档、信息架构图、产品流程图和线框原型图作为指导，避免设计中出现业务逻辑错误和功能架构不完善等现象。

信息架构图的主要作用是罗列产品功能。图6-12所示为常见的信息架构图。产品流程图的主要作用是对产品功能的操作流程、操作逻辑进行梳理。图6-13所示为常见的产品流程图。线框原型图又被称为低保真原型图，其主要作用是对页面功能进行合理布局，图6-14所示为常见的线框原型图。

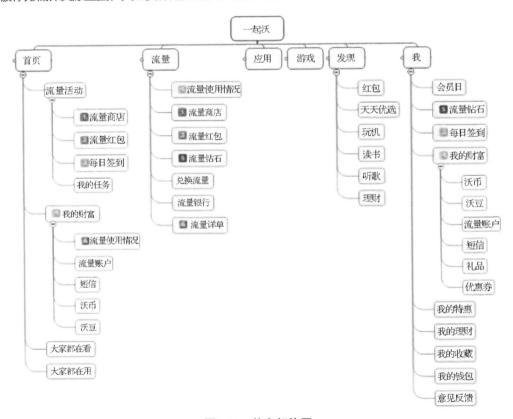

图6-12　信息架构图

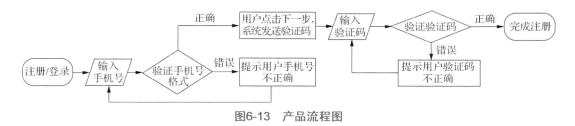

图6-13　产品流程图

图6-14　线框原型图

1. 信息架构图设计

产品经理一般根据客户提供的项目需求撰写产品需求文档，然后根据产品需求文档中的产品定位与产品业务需求，确定产品需要的功能。图6-15所示为北大青鸟OA系统的信息架构图。

北大青鸟OA系统客户端包含了完整的登录系统，但不包括注册系统。新员工注册需由系统管理员单独操作，员工登录需要输入动态验证码，验证码由员工自动刷新生成，不通过手机短信推送。系统主界面功能包括：我的桌面、系统设置、公共信息和业务流程等模块。

2. 产品流程图设计

网页UI设计师需要在理解产品流程的基础上设计界面，保证每个任务流程都可以形成完整的闭环。首先，网页UI设计师需要读懂产品流程图。产品流程图常用组件包括：圆角矩形、矩形、平行四边形、菱形和箭头。其中，圆角矩形代表流程的开始与结束，平行四边形代表内容的输入，菱形代表系统对输入内容的判断，箭头代表流程的方向。

下面以北大青鸟OA系统的登录流程为例，详细分析产品流程图的制作。图6-16所示为北大青鸟OA系统登录流程图。登录北大青鸟OA系统之前，用户必须输入用户名、密码和验证码，然后点击登录按钮，由系统验证用户输入的3个参数是否正确。如果三者均正确，那么用户登录成功；如果其中一个参数错误，那么系统提示错误的原因，如用户名错误、用户名不存在、密码错误、验证码错误等，此时，登录流程返回登录输入界面，用户重新输入参数，直到所有参数正确，登录流程才终止。

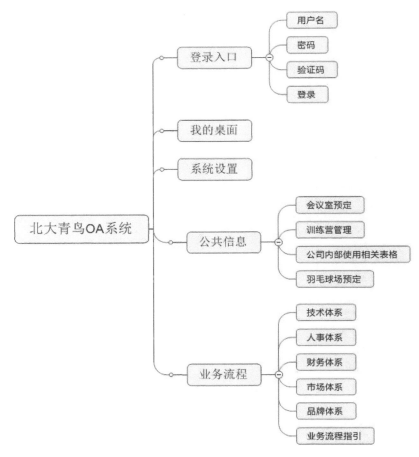

图6-15　北大青鸟OA系统信息架构图

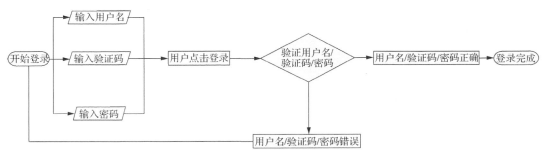

图6-16　北大青鸟OA系统登录流程图

图6-16是一个最简单的登录流程，当网页UI设计师深入设计后台产品的页面时，每个任务流程所涉及的步骤、专业术语、判断类型、异常状态会更为复杂。如员工A需要临时请病假，那么请假的主体正常情况下就是员工A本人。但员工A是临时生病，可能无法回企业请假，只能委托其他同事帮忙请假，此时整个业务逻辑中应该包含代办请假人的功能，这是在正常流程以外的第二种情况。当然也会存在其他情况，如员工A病好后，自己回企业补录病假，这是第三种情况。在请假流程结束以后，整个任务流程就进入审批流程，审批流程中所涉及的关联主

体以及异常状况会更为复杂，网页UI设计师需要梳理出各种状况，并匹配相应的操作界面。

3. 线框原型图设计

在实际工作中，后台产品的功能必须根据实际需要开发，不能天马行空地增加或删除。产品经理往往需要对产品中的功能进行全盘考虑，对所有功能进行合理布局。下面简要梳理北大青鸟OA系统的登录页面与会议室使用页面的布局。

（1）登录页面布局规划：把Logo放在正上方，把登录列表放在下方；登录列表中有信息管理系统字样、用户名输入框、密码输入框、验证码输入框、登录按钮。要求登录按钮醒目，易点击。登录页面布局线框原型图如图6-17所示。

图6-17　登录页面线框原型图

（2）会议室使用情况页面规划：头部区域左上角放置企业Logo，用户信息和日期；左侧功能导航树分别为我的桌面、系统设置、个人信息、公共信息、业务范围；右侧为主工作区。页面原型线框图如图6-18所示。

图6-18　会议室使用情况页面原型线框图

6.4 OA系统UI设计实操

在拿到产品经理提供的原型图后，设计师也不要盲目就去做，而要细致分析布局、流程等；并及时将分析过程中发现的问题与产品经理沟通，避免设计完成后再发现不合理处导致大幅修改。

网页UI设计师通常根据产品经理提供的原型图及风格建议进行素材整理，并确定最终的表现形式。例如：产品经理要求页面体现商业化、科技感，在颜色运用上首要考虑蓝色，界面中运用箭头、计算机、鼠标、互联网从业者、地球等与互联网行业相关的元素。

6.4.1 登录页设计

北大青鸟OA系统登录页设计完成效果如图6-19所示。

图6-19　登录页

网页UI设计师根据产品经理给出的原型图，绘制登录页。为体现企业的科技感、时代感，并且符合企业视觉识别系统，登录页整体采用深蓝色，主体区用蓝色渐变背景，使整个页面过渡自然、柔和。图片素材选择了办公设计的画面，更好地贴合"互联网+"时代的特征。由于线框原型图显示用户登录输入框为居中对齐方式，所以效果图也必须为居中对齐。一般居中对齐方式能给人以中正、大气、严谨、对称的视觉感受，适合应用于崇尚科学、严谨求实气质的企业网页中。

参考视频：企业OA
系统UI设计（2）

北大青鸟OA系统登录页设计步骤如下。

（1）确定基本架构：新建一个1920px×930px的画布，分辨率为72ppi。通过网格系统将界面分为九宫格的形式，主标题、副标题、输入框以及版权信息的位置如图6-20所示。人们观察事物时，若主体摆放在中心稍微偏下一点的位置，会感觉到画面更为均衡、舒适，所以设计师可以适当地将登录输入框靠下摆放。

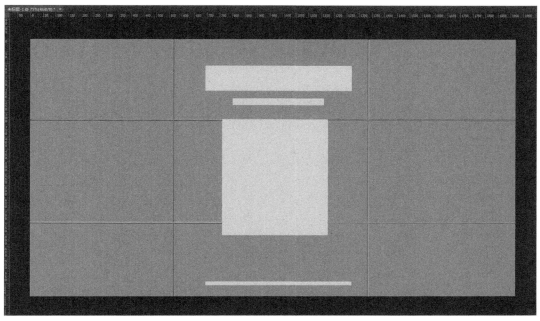

图6-20　确定基本架构

（2）配置基本组件：置入背景图片，使用矢量图形绘制登录输入框中的所有组件，输入文字并根据层级关系调整文字的粗细和大小，最后配置合适的小图标，效果如图6-21所示。

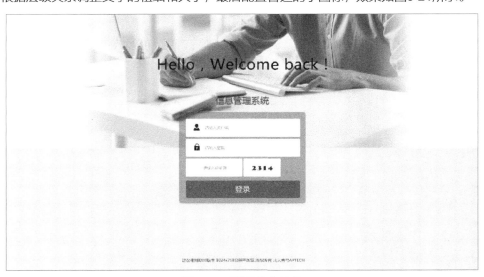

图6-21　配置基本组件

（3）配置界面颜色：后台界面的配色虽然相对简单，但是也要确保设计的规范。主色必须统一为一个色值。最终完成效果如图6-19所示。

【素材位置】素材/第6章/01 北大青鸟OA系统登录页UI设计

6.4.2　内页设计

设计师根据产品经理给出的原型图，绘制内页效果图。页面使用蓝色、白色以及深灰色进行设计，与登录页界面配色保持一致。完成的最终效果如图6-22所示。

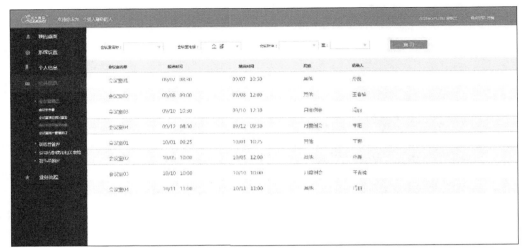

图6-22　北大青鸟OA系统内页效果图

北大青鸟OA系统内页界面设计步骤如下。

（1）确定基本架构：新建一个**1920px×930px**的画布，分辨率为72ppi。使用选区工具与辅助线先确定页面的基本架构，页面的基本架构包括系统的状态栏、左侧的导航栏以及右侧的主要内容区域。整个系统中所有内页的状态栏、导航栏以及内容区域的视觉面积都是相等的。设计师在后面的设计中可以直接沿用当前架构，效果如图6-23所示。

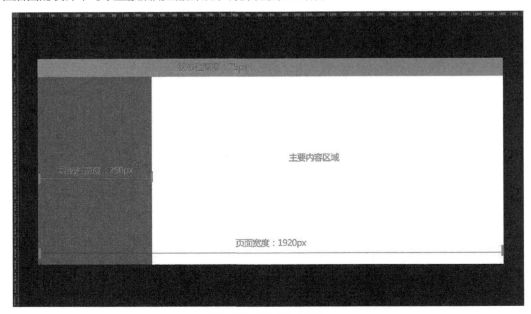

图6-23　确定基本架构

（2）状态栏及导航栏设计：使用青色矩形绘制导航栏，并配置企业**Logo**、用户信息、注销等功能按钮；使用深灰色矩形绘制左侧导航栏，使用比导航栏更深以及更浅的色调分割两个导航标签；排版文字与图标（由于案例中存在三级导航，所以需要通过图标的类型、文字间距、文字大小加以区分），效果如图**6-24**所示。

图6-24　导航栏与状态栏

（3）主要内容区域设计：每个内页的内容区域会根据导航栏的变化而变化，这里以会议室使用情况页面为例，简要讲述主要内容区域的设计。当前区域需要保证用户能选择不同会议室、不同时间段，查阅其他同事对会议室的使用情况、使用人员、使用时间段、使用的用途，并以表格的形式进行展示。由于借用人员较多，设计师可以使用明度较高的灰色与白色，间隔分布呈现。完成效果如图**6-18**所示。

【素材位置】素材/第6章/02 北大青鸟OA系统内页UI设计

本章作业

根据本章介绍的后台产品UI设计理论和设计思路，设计一个金融交易类的后台产品界面，用户可以通过界面实时查看各种货币的交易数据，页面按照左右结构进行布局。其中，左侧导航栏分为大盘（Dashboard）、账户（Wallets）、过往交易数据（Restore/Backup）、设置（Settings）、交易额（Exchange）、常见问题（FAQ）和实时监测（Timing Monitor）。顶部为标签式选项卡，用户可查看各种货币的交易数据，如黄金（Gold）、白银（Silver）等。

在主要内容区域中，左侧界面展示的是黄金当天的大盘情况，通过折线图的形式展示全天的走势，用户可自行选择不同的表现方式查看当天的交易数据，如折线图、柱形图、饼形图等。最右侧为截至目前黄金全部的交易数据。完成效果如图**6-25**所示。网页设计师设计的重点，一是对视觉效果的还原，二是熟悉金融产品的相关业务，以理解页面设计背后的业务逻辑。

图6-25　金融产品后台界面

【素材位置】素材/第6章/03 金融交易类后台产品界面设计

第 7 章

平台类商城UI设计

学习目标

➢ 了解电商平台的常见分类。

➢ 熟悉电商平台页面针对基本的购物流程应提供的基本功能。

➢ 掌握电商平台首页中首屏、商品展示区域以及页尾三大基本结构布局方式与组成内容，能对电商平台页面进行合理布局。

本章简介

　　改革开放以来，我国越来越多的企业渐成规模，拥有了较强的经济实力，其品牌效应覆盖了全国乃至全世界。这些企业中有很多以线上平台的形式服务于各类用户，诸如微信、新浪微博等大型社交平台；智联招聘、猎聘等大型招聘平台；饿了么、美团等大型生活服务平台；37游戏、腾讯游戏等大型游戏平台；天猫、京东、淘宝、聚美等大型电商平台。

　　近年来，随着电商平台的日益壮大，电商类门户网站已然改变了国人的消费购物方式。本章以天猫商城UI设计为例，详细讲述电商平台的相关理论知识，重点讲解电商平台首屏、商品展示区域以及页尾这3个区域中应包含的内容及设计的要点。

7.1 项目介绍

7.1.1 项目概述

天猫商城原名淘宝商城，是阿里巴巴集团继淘宝网之后全新打造的B2C电商平台。天猫商城是国内大型的B2C购物网站。迄今为止，天猫已经拥有4亿多买家，5万多家商户，7万多个品牌。天猫商城自2009年打造"双11购物节"以来，已连续10年刷新去年同期的销售业绩，2018年11月12日凌晨，成交额定格在2135亿元，当日物流订单量超过10亿。

天猫商城以其庞大的商家体系、健全的支付体系、高效的物流体系，服务着全国亿万消费者。作为大型B2C电商平台，天猫商城的首页必须提供合理的页面布局方式、舒适的界面视觉效果、严谨的货品分类标准、便捷的网上购物流程。因此，网页UI设计师需要不断优化天猫商城的首页，为用户构建更佳的购物体验。

7.1.2 项目设计要求

1．项目功能要求

作为综合性的电商平台，天猫商城客户端必须在满足用户基本需求（商家卖货、买家购物）的前提下，提高产品的体验度，具体设计要求如下。

（1）商品搜索：提供多种商品搜索方式，保证买家能通过关键字、分类导航、店铺、购买记录、收藏记录等多种方式来搜索商品。

（2）商品展示：为商家提供丰富的商品展示形式，包括文字、图片、视频、音频等多媒体形式；为商家提供多渠道的商品推广方式，包括钻石展位、直通车、活动推荐、综合排名等。

（3）数据保护：为商家与买家提供可靠的数据保护措施，保证商家与买家的个人隐私与财产安全；为买家提供安全的支付通道。

（4）账户管理：保证商家与买家能通过平台实现账户注册与登录；商家与买家能通过个人账号查看店铺的销售数据、购买记录以及物流信息等。

2．视觉要求

（1）页面布局：要满足电商网站的基本功能，符合电商网站的特点；首屏要能够吸引用户；商品展示区域层次清晰，结构分明；界面简洁、大气，有视觉冲击力。

（2）信息传达：从天猫商城整体设计上考虑，突出内容的呈现；同类内容模块的设计表现需要一致，减少过多结构样式的表达，保持一定的韵律感和统一性，给用户内容丰富但结构明晰的视觉认知效果。

（3）色彩搭配：迎合年轻用户的心理需求，在视觉印象上给用户以时尚缤纷、活力迸发的视觉感受，通过色彩传递品牌的精神风貌。

（4）图文排版：图和文之间适当增加留白空间，调整为舒适、平稳的视觉结构；整体版面应有视觉呼吸感，让用户在购物浏览时始终处于相对舒适的状态。

7.2　电商平台UI设计相关理论

优秀的UI设计师，不仅需要娴熟的设计技能，还需要丰富的理论知识；不仅能将客户与产品经理的设计需求转化为具有视觉冲击力的电商界面，还能将自身的设计意图用专业的语言向客户与产品经理表述。为此，UI设计师应该全面了解电商平台UI设计的相关理论。下面从电商平台的常见分类、常见功能和基本结构几方面进行详细阐述。

参考视频：天猫商城
——电商类网站设计
（1）

7.2.1　电商平台的常见分类

电子商务通常是指在互联网开放的网络环境下，基于浏览器/服务器应用方式，实现消费者的网上购物、商户之间的网上交易以及各种商务活动、交易活动、金融活动和相关综合服务活动的一种新型商业运营模式。常见的电子商务模式包括：C2C、B2C、B2B、O2O、BOB等。

电商平台就是企业、机构或者个人在互联网上建立的一个站点，是企业、机构或者个人开展电商活动的基础设施和信息平台，是实施互联网销售的交互窗口。电商平台的类型较多，我们可以从商务目的、业务功能、建站主体、运作广度和深度等维度，对电商平台进行分类。一般情况下，电商平台面对的客户群体不同，所采用的营销推广模式也会有所差异。

1. C2C电商平台

C2C（Consumer to Consumer，消费者对消费者）电商平台是直接为个人提供电子商务活动平台的网站。卖家可以在网站上展示货品，买家可以从中购买自己需要的物品。拍卖网与二手交易网都属于C2C类型的电商平台。图7-1所示为拍拍网商城首页界面。

图7-1　拍拍网

2. B2C电商平台

B2C（Business to Consumer，企业对消费者）电商平台是为企业与消费者间提供电子商务活动平台的网站。这种形式的电子商务一般以网络零售为主，主要借助于互联网开展在线销售活动。

B2C是我国最早产生的电子商务模式，以8848网上商城正式运营为标志。目前国内规模较为庞大的B2C电商平台包括天猫商城、京东商城等。图7-2所示为京东商城页面。

图7-2　京东商城

3. B2B电商平台

B2B（Business to Business，企业对企业）电商平台是指企业与企业之间通过专用网络进行数据信息的交换、传递，开展交易活动的网站。B2B网站作为采购商与供应商之间的第三方平台而存在，一般专注于大宗商品的买卖，主要适用对象是批发商户、代理商、分销商和零售商等。

B2B电商平台是发展历史最长、发展最完善的电子商务模式，其交易范围涵盖了原料采购与网上分销等流通环节。敦煌网是国内首个为中小企业提供B2B网上交易的网站，旨在帮助中小企业通过跨境电子商务平台走向全球市场。目前国内规模较大的B2B网站包括阿里巴巴1688、慧聪网、环球资源以及一呼百应等。图7-3所示为阿里巴巴1688界面。

图7-3　阿里巴巴1688

4．O2O电商平台

O2O（Online to Offline）电商平台是指将线下的商务机会与互联网结合，让互联网成为线下交易的中间平台。O2O模式主要适用于服务性消费行业，如餐饮业、美容业、旅游业等。

O2O概念最早源于美国，2013年基于移动设备的广泛应用，O2O模式进入高速发展阶段。2013年6月，苏宁推行线上线下同价，揭开了O2O模式的序幕。目前国内常见的O2O网站包括美团网、拉手网、街库网以及美乐乐家具网等。图7-4所示为美乐乐家具网的界面。

图7-4 美乐乐家具官网

7.2.2 电商平台的常见功能

电商平台作为一个综合性的大型商城，必须提供健全的功能。从买家进入商场、筛选商品、加入购物车、确认订单，支付与结算，到最后的查询物流、确认收货以及售后服务，商城内涉及的功能非常多。本节对买家购物流程中常用的功能进行阐述，帮助设计师熟悉电商平台中的常用功能。

1．商品展示与活动推送

（1）品类建设：商城内的商品涉及衣食住行的各个方面，类目非常多，所以设计师在页面内要做好商品的分类。商品的品类建设就是从大类别到小类别进行梳理，最终把所有商品全部归纳进去。商品分类工作应做到：首先，分类不要超过3个级别；其次，分类方式要符合大众的认知常识，让绝大多数人能够通过分类，快速找到想要的商品。

（2）推荐商品及促销活动：推荐商品和促销活动可以让用户通过首页，尽快对某个产品感兴趣，并点击进入其详情页。推荐商品和促销活动往往占据首页较大的面积。那些随便逛逛的用户往往需要更强烈的感官刺激才能激发他们的购物兴趣。图7-5所示为亚马逊网站首页的推荐和活动。

图7-5　亚马逊网站首页的推荐和活动

2. 面包屑导航

面包屑导航（Bread crumb Navigation）是按照导航的层级，由首页向内页依次过渡延伸，横向展示用户所打开的网页路径的一种导航形式。图7-6所示为淘宝网的面包屑导航条，它清晰地告诉用户当前停留在哪个页面，在基本导航的功能下增加了筛选功能，在增强用户友好度的同时，还利于搜索引擎优化。面包屑导航适用于综合性较强、内容页面较多的大型网站。电商网站的子页往往数量非常多，层级较深，用户很容易在众多页面中"走失"，此时面包屑导航就发挥了很大的作用。它提供了一条"明路"给正在浏览的用户，告诉用户想要退回上一页应该怎么样去操作，告诉用户正在浏览的版块是哪一块。

图7-6　淘宝网面包屑导航

知识扩展

面包屑导航的概念来自童话故事《汉赛尔和格莱特》。当汉赛尔和格莱特穿过森林时，不小心迷路了，但是他们发现沿途走过的地方都被撒下了面包屑，这些面包屑指引他们找到了回家的路。所以，面包屑导航的作用是告诉访问者他们目前在网站中的位置以及如何返回。

3. 搜索导航

电商网站的搜索功能并不需要像百度搜索那样强大，因为用户只需要搜索到电商网站后台数据库里的内容。电商网站设置搜索功能的好处：帮助用户节约时间，并不需要用户逐条浏览信息，用户只要在搜索框里输入自己想要查找信息的关键词，就可以轻松找到相关信息页面。另外，现在也有很多电商网站提供一些根据属性分类的筛选。

如图7-7所示，淘宝网的筛选功能也是搜索功能的一种，可以让用户根据自己想要的条件去筛选，并不需要人工输入文字，简化了搜索的步骤。如图7-8所示，当用户在淘宝网的搜索栏中输入需要搜索的产品时，弹出了对应产品的提示框。这种提示框对于用户来说，不仅可以节省时间，也可以对用户进行合理的引导。

品牌	Dell	苹果	ThinkPad	华硕	联想	索尼	神舟	三星	HP	IBM	多选	更多∨
	宏碁	微星	技嘉	东芝	NEC							
通用场景:	商务办公	家庭影音	轻薄便携	高清游戏	学生	尊贵旗舰	家庭娱乐	女性定位			多选	
CPU型号:	Core/酷睿 i7 ⓘ	Core/酷睿 i5 ⓘ	Intel Core Duo/酷睿双核			Intel Core/酷睿 i3 ⓘ		Celeron/赛扬			多选	更多∨
硬盘容量:	500GB	1TB	750GB	无机械硬盘	80GB	320GB	250GB	160GB	40GB		多选	更多∨
筛选条件:	屏幕比例∨	显卡类型∨	内存容量∨	是否超极本∨	屏幕尺寸∨	是否PC平板二合一∨						

图7-7　淘宝网的筛选搜索

图7-8　淘宝网搜索提示框

4. 注册与登录

注册的目的是为了获取用户的相关数据，但是如果注册程序很烦琐，反而会弄巧成拙，导致用户放弃购买。根据一项调查数据显示，85%以上的用户注册是为了方便购买产品，而不是为了花时间去填写各式各样的个人信息，所以目前大多数电商类平台实行先购物后注册和登录，在用户结算时才要求用户进行注册登录。图7-9所示为1号店的注册页面。注册页面一般只包含基本信息：姓名、电话、邮箱、收货地址。整体注册流程便捷、清晰。

Chapter 7

图7-9　1号店注册页面

5. 订单信息确认

当用户进入购买流程，在未支付和结算之前，电商界面通常会提供一个订单信息确认流程。订单信息是用户购买所有产品后的总汇，在订单信息页面不仅要体现个人信息，如收件人、手机、邮箱、收货地址等，还要展现所有的购物信息，如购买的产品数量、价格、尺寸、颜色等。另外，订单页面和购物车页面还经常会出现"满减""包邮""买送"等优惠信息，促进用户进一步购买。图7-10所示为订单信息确认界面。

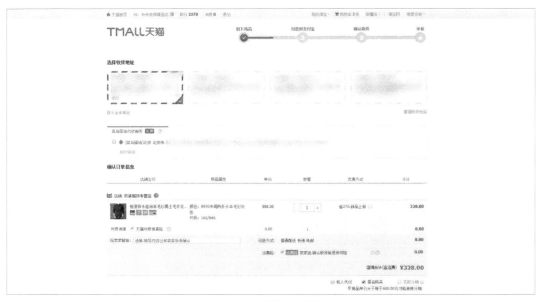

图7-10　订单信息确认页面

6. 安全支付

用户对网上支付的安全性非常敏感,线上购物最担心的就是个人信息被泄露,所以有效保护用户的银行账号与密码等信息的安全,是所有电商网站必须做好的底层功能。目前国内电商平台很少自建支付渠道,一般开通第三方支付接口,使用第三方在线支付。图7-11所示为用户使用支付宝进行在线支付的界面。

图7-11 支付界面

7.2.3 电商平台页面的基本结构

网站首页是一个网站的入口。电商设计师在设计时,要注意其功能与内容的合理分布,有效引导用户导航到所需要的功能页面。此外,首页还肩负着企业品牌形象展示的重任,是获取用户对平台认可与信任的重要窗口。一般情况下,电商平台的基本架构与营销类官网相似,但是又有所区别。网站的首页由首屏、商品展示区域、页尾3个部分组成。图7-12所示为1号店首页的结构。

1. 首屏

电商平台的首屏主要包括头部区域以及钻石展位区域。下面就头部区域与钻石展位区域进行详细介绍。

(1)头部区域:包括网站的Logo、广告、搜索栏、服务保障条款、7×24小时的服务承诺等,这些内容都起到了展示品牌形象的作用。通过一系列内容的组合,让用户从感知到喜欢,再到接受和信任。图7-13所示为1号店首页头部形象区。

导航是头部区域乃至整个平台的重要区域,优秀的导航设计能够提高网站的易用性,对实现电商网站的高效运作具有实际意义。另外,电商平台的首页导航设计必须本着"以用户为中心"的原则,既要将网站中的所有信息都在有限的版面空间展现出来,又要为用户提供重要的反馈和帮助信息。

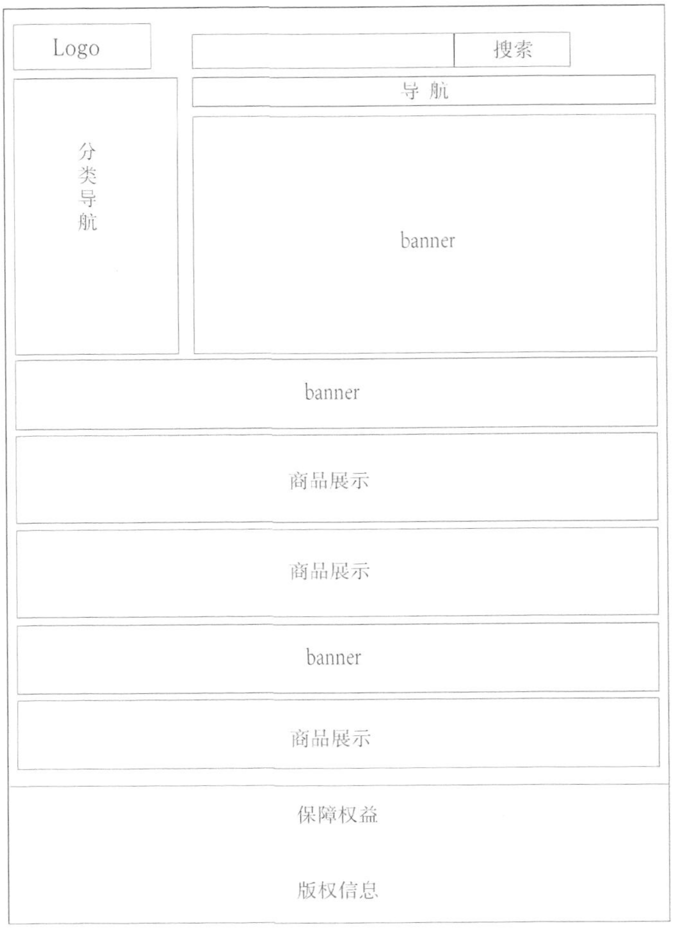

图7-12   1号店首页结构图

图7-13   1号店首页头部

设计电商网站的导航时，设计师要先对网站整体的内容有一个全面的了解，并且将网站内容进行归类。电商网站普遍有两个导航，分别是网站头部的横向导航与侧边的分类导航。横向导航如图7-14所示，侧边分类导航如图7-15所示。一般来说，横向导航会比较笼统地展示网站商品，而分类导航则会比较详细地展示网站商品。

图7-14   横向导航

图7-15 分类导航

（2）钻石展位区域：世界著名的网页易用性研究专家尼尔森在其用户眼动测试实验的报告中提及：首屏以上的关注度为80.3%，首屏以下的关注度仅有19.7%。这两个数据足以表明，首屏对每个需要提高转化率的网站至关重要，尤其是电商平台。当前，电商平台中首屏的高度一般设置为600px～750px，重要的内容可以尽量放在这个区间里。对于"寸土寸金"的首屏，设计师可通过以下4点，提升电商平台首屏的吸引力。

① 用图片吸引买家：要让用户在短短几秒钟之内就了解网站或商家发布的一系列信息，单凭简短的文字是不够的，还需借力于图片。图片能从侧面含蓄地衬托主题，因此，在图片素材的选择上应该保证对主旨的表达有帮助，并且在视觉上保持风格一致。如图7-16所示，凡客诚品的首屏是走极简路线的，没有修饰，让用户可以专注于商品本身。配图没有把商品全貌都展现出来，但在极简的风格下，也能增强用户的点击欲望。

图7-16 凡客诚品首屏

② 展示吸引用户的信息：首屏通常通过轮播图将推荐和活动展示出来，轮播图中展示的文字应该短小、精悍，尽可能用最少的篇幅就把信息表达清楚。标题性文字更应该把商家的商业诉求清晰直接地表达出来。如图7-17所示，1号店轮播图的文字"满168减68"能很好地抓住用户的眼球，让用户充满了强烈的购物欲望。

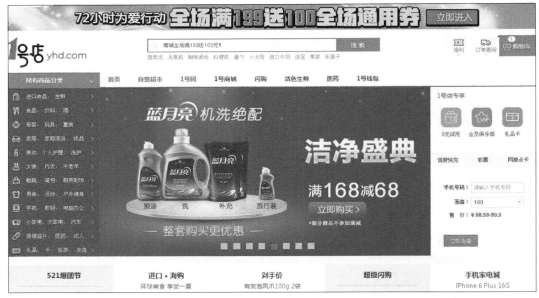

图7-17　1号店首页轮播图

③ 视觉焦点要醒目：多数用户的浏览习惯是走马观花式的，以如今国内电商网站普遍的布局来看，用户在第一屏中的视觉焦点基本上以轮播图和导航为主。因此，其中所表现的文字或图片，都应该让用户一眼看清内容，减少思考时间。

设计师在设计时可以用"去色"的方法来检验实际效果。图7-18所示为唯品会网站去色前的效果，图7-19所示为唯品会网站去色后的效果。可见，去色后，轮播图上的内容仍然可以很容易辨认出来，文字和背景都很清晰。

图7-18　唯品会网站去色前效果

图7-19 唯品会网站去色后效果

④ 用风格强调主题：网站首屏的风格是根据目的来决定的，在设计之前，必须要了解这个首屏在整个网站中究竟起到什么样的作用。一般来说，电商网站的首页首屏会用来进行推广宣传，比如单品推广、店铺推广和活动推广等。如图7-20所示，以单品推广为主题的首屏一般会用卖点组成文案，再配上简单的图片。如图7-21所示，一项活动的宣传很难用简单的文案在首屏中描述清楚，所以要尽量用有冲击力的字词来吸引用户点击详情页。

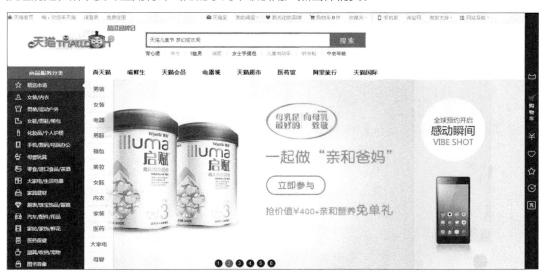

图7-20 单品推广为主题的首屏

2. 商品展示区域

目前最常见的商品展示区域就是仿商场楼层式的设计。图7-22所示为京东商城商品展示区域。楼层设计需要保证结构清晰、分类明确，以便用户在浏览过程中能够清晰地分出各楼层和分类。图7-23所示为天猫商城商品展示区域，在划分楼层和分类时，除了留出一定的空白区域外，还可以在楼层之间增加一个横向的轮播图进行区分。

图7-21　活动推广为主题的首屏

图7-22　京东商城商品展示区域

图7-23　天猫商城商品展示区域

在商品展示区域广告图的文案排版方面，天猫商城与京东商城略有区别，天猫商城是居中对齐排版，如图7-24所示，略显呆板，但是留给图片展示的空间更大，更具营销效果。京东商城采用对角线平衡构图，如图7-25所示，显得比较动感、自由、高档，但是留给图片展示的空间略显局促。设计师在进行设计的时候，需要具体问题具体分析，考虑网站是需要高端、大气的风格还是实用的风格。

图7-24　天猫商城广告图

图7-25　京东商城广告图

3. 页尾

在一般情况下，电商平台的首页、商品列表页、商品详情页、店铺首页，其页尾都沿用统一的样式。但是也有个别店铺的页尾是定制化的，会有所区别。

电商网站的页尾主要由两部分组成：承诺与服务保障、版权信息。承诺与服务保障对于增强用户对该电商平台的信心有很大帮助，可以有效增强用户的黏性，主要包括服务保障、用户帮助、退换货保障、品质保障、品类保障、配送保障、价格保障等。图7-26所示为天猫商城页尾承诺与服务保障区的设计。

| 优 | 品质保障
品质护航 购物无忧 | 七 | 七天无理由退换货
为您提供售后无忧保障 | 特 | 特色服务体验
为您呈现不一样的服务 | | 帮助中心
您的购物指南 |

图7-26　天猫商城页尾承诺保障区

7.3　项目设计规划

7.3.1　项目需求分析

1. 平台定位分析

电商平台视觉设计的前提是先要了解平台销售的是什么，是有形的实物产品还是无形的服务产品？是电子产品还是金融产品？是电子书购买，还是软件下载？是个人捐款还是会员缴费？根据售卖的商品来定位网站的整体布局及风格是项目分析的第一步。

如图7-27所示，早期的京东商城主要以销售电子产品为主，布局上分为页头、内容以及页尾三大部分；为了将更多信息放入同一页面内，内容部分采用了左中右的三栏式结构；并且采用淡雅的蓝色给人一种舒适的视觉效果，同时也符合京东商城主营IT产品的行业特色。

转型后的京东商城如图7-28所示，售卖商品种类多样，布局仍然为页头、内容、页尾三部分，不同的是根据经营模式的变革，内容部分采用类似商场楼层的上下结构，便于将售卖产品分类，也便于用户查询同类产品，导航设计更加清晰、便捷，体现了"商城"化的定位。

图7-27　早期的京东商城首页

图7-28 转型后的京东商城首页

天猫商城作为国内最大的B2C平台，平台中有5万多家商户，7万多个品牌，商品包罗万象，应有尽有，从轻工业成品到重工业零配件，从衣食住行的各类必需品到彰显生活品位的奢侈品，从具有实物形态的货物商品到虚拟形态的服务产品。因此，天猫商城是一个综合性的电商平台。

2. **目标用户分析**

目标用户分析在前期分析中至关重要。了解目标用户群体的年龄、性别、用户习惯、喜好等，有利于网站风格的定位。图7-29所示为蘑菇街的界面，蘑菇街的用户大多为年轻女性，年龄在20～40岁之间，她们共有的特点是年轻、漂亮、追求时尚，因此在网站设计上用色夸张，采用280px×420px分辨率的产品大图，整体视觉效果时尚新颖。

图7-29 蘑菇街首页

天猫作为综合性的电商平台，面对的消费者涵盖在校学生、职场人士、退休老人，因此天猫商城的消费人群跨度非常大。但是，天猫的用户数据显示：目前主力的消费人群有日益年轻化的趋势。这些年轻的消费群体有个性、有活力。因此，天猫商城的视觉效果应该更贴合年轻人的购物心理。

7.3.2 项目功能和层级梳理

综合性的电商平台，其页面结构大同小异，基本上都分为头部区域、商品展示区域以及页尾区域。天猫商城的页面大体结构，如图7-30所示。

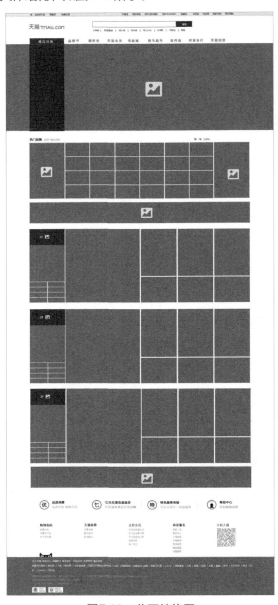

图7-30　首页结构图

设计师需要了解买家需要什么样的功能，这些功能如何实现，便于了解有多少个独立页面，页面之间的跳转怎样实现，链接入口在哪里等问题，进而对工作量有所把控，并且在设计上提出独到的见解，更好地完成设计。天猫商城首页的主要功能整理如下。

（1）我的账户：保证用户能通过个人账户查看已购买的商品与物流状况。

（2）购物车：为用户提供先收藏后购物付款的便捷通道。

（3）我关注的品牌：为用户收藏常去、常关注的店铺与商品。

（4）登录注册：为用户提供私人定制的专属账号，方便个人信息管理与资金安全。

（5）商品浏览：通过便捷的导航方式，为用户提供多样化的商品查看方式。

7.4 平台类商城首页UI设计实操

天猫商城首页设计完成的最终效果如图7-31所示。

图7-31 天猫商城首页

7.4.1　首屏区域设计

　　首屏区域主要包括头部区域和钻石展位区域。天猫商城钻石展位区域的广告大图是为淘宝女鞋馆宣传而设计的一个轮播图。因此文案中没有针对单品的促销信息。女鞋买家一般是时尚的年轻女性，因此，设计师选择轻质感、浅色系、扁平化的设计风格来表现主题。

　　页面布局方面采用常见的左右布局。主副标题的文字采用同一颜色，效果更统一。主标题文字颜色可以直接从产品图片中吸取，如棕色的文字"时尚零距离"，其色彩就源于图片中模特深棕色的头发颜色，这是电商轮播图常用的快速配色方法。最终完成效果如图7-32所示。

图7-32　首屏区域

　　天猫商城首屏区域UI设计步骤如下。

　　（1）确定基本架构：新建一个1440px×3300px的画布，分辨率为72ppi，主体内容宽度为1200px，首屏高度为660px，由于每个买家的屏幕高度有所差异，所以每个买家能看到的首屏范围是有所区别的。电商平台可参考1440px×900px或1024px×768px的屏幕分辨率进行设计，保证大部分买家的首屏能看到完整的轮播图区域。本章案例以1440px×900px的屏幕分辨率为参考，效果如图7-33所示。

　　（2）头部区域设计：头部区域为电商平台的固定区域，平台中的商品列表页、店铺首页、店铺详情页均为统一样式，一般很少调整和变动，只有电商平台的主视觉设计师才会调整这部分的内容与结构。头部区域包含了平台Logo、注册登录按钮、购物车按钮、买家账号以及搜索框等组件，效果如图7-34所示。

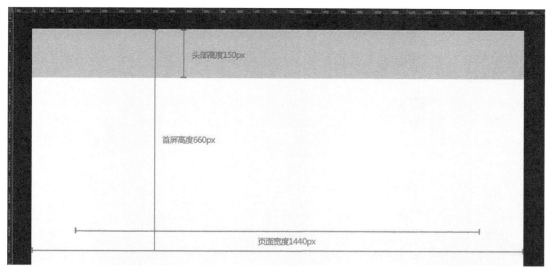

图7-33　首屏区域

图7-34　头部区域

（3）导航栏设计：导航分为横向导航、商品分类导航以及返回顶部导航。商品分类导航的高度为540px，宽度为190px；横向导航的高度为30px，导航文字可使用微软雅黑或宋体等系统安全字，字体大小为12px ~ 16px，设置消除锯齿方式为"无"，避免文字边缘模糊不清。效果如图7-35所示。

图7-35　导航栏设计

（4）钻石展位区域设计：钻石展位即电商平台为卖家设置的广告位。当前案例中的轮播图高度为480px，主体内容宽度为990px，置入模特图片并排版文案，注意模特脸部朝向，可将模特脸部朝向文案，通过模特的视线引导买家去关注轮播图的文案，由此形成二者的呼应。最后，适当排版右侧女包与男鞋的图片，最终完成效果如图7-36所示。

图7-36　钻石展位区域设计

【素材位置】素材/第7章/01天猫商城首页UI设计

7.4.2　商品展示区域设计

商品展示区域设计要注意以下几点：①按照商场楼层设计，楼层之间适当留白，便于用户分清楼层，减轻用户由于楼层多、品类多造成的视觉障碍。②尽量给每个版块设置外框，给人以整齐感。如果风格要求不能增加外框，那么根据相近成组原则，在视觉上要能明显看出是区域划分。③楼层的间距不宜过窄，过窄的距离会造成各楼层混淆不清，可以考虑采用20px～30px。④楼层的衔接大多采用平稳的线条，给人稳定感，使人易于区分各楼层之间的关系。⑤楼层之间可以增加轮播图，通过轮播图更好地分割页面，不仅页面更美观，而且可以展示更多的促销信息。完成效果如图7-37所示。

天猫商城商品展示区域设计步骤如下。

（1）热门品牌区域设计：①热门品牌区域与轮播图区域为两个不同的模块，需要通过合适的留白空间区分两个模块；②对于品牌的展示，最好使用企业的Logo作为入口的按钮；③Logo的排版适宜使用网格式布局，每个Logo使用统一的背景颜色，以达到视觉上的协调和统一；④保证每个Logo在视觉上是等大的，设计前可以使用网格系统对页面进行等比分割；⑤排版热门品牌区域与楼层一之间的轮播图，保证热门品牌区、轮播图以及楼层之间的间距都统一为30px。最终完成效果如图7-38所示。

（2）楼层区域设计：①电商平台首页的楼层可以使用统一的版面形式进行设计，以统一版面视觉效果；②当楼层数量较多时，设计师可以通过数字编号的形式，帮助用户了解当前浏览的位置；③不同楼层之间要明确产品的分类，做好产品的分类建设。图7-39所示为楼层二的效果图，其他楼层排版布局形式与其保持一致即可。

图7-37　楼层设计效果图

图7-38　热门品牌区域

图7-39　楼层设计

【素材位置】素材/第7章/01天猫商城首页UI设计

7.4.3　页尾区域设计

天猫商城的版权信息部分使用明度较低的黑色作为背景。承诺与服务保障区域使用白色作为背景。完成效果如图7-40所示。

图7-40　页尾效果图

一般情况下，只有电商平台的主视觉设计师需要设计电商平台的页尾区域，其他设计师在设计其他电商页面时无须对其进行改动。电商设计师为商家装修店铺时，其后台账号的设计模板中已经包含当前页尾的内容。页尾区域与头部区域的应用场景相类似，所有店铺首页、商品详情页以及平台本身的商品列表页页尾均使用统一的内容和样式。

【素材位置】素材/第7章/01天猫商城首页UI设计

本章作业

根据本章介绍的电商网站UI设计流程，设计唯品会电商平台界面，完成效果如图7-41所示。设计师在设计之前，需要对唯品会平台进行深入了解，分析其主要的销售商品、销售对象，并根据其"名牌折扣+限时抢购+正品保障"的创新电商模式，为平台定位合适的设计风格以及页面布局形式。最终完成的效果图可以与参考图有所区别。

图7-41　唯品会首页

【素材位置】素材/第7章/02唯品会首页UI设计

第 8 章

电商类店铺首页UI设计

学习目标

> 理解店铺首页的基本结构以及各个结构所包含的内容和设计要点。

> 理解店铺详情页的基本结构和每个子模块需要展示的内容。

> 了解店铺关联页的概念、设计理念以及作用等相关知识。

> 了解店铺列表页的概念，熟悉店铺列表页的3种表现形式。

本章简介

网店之间的竞争日渐加剧，店铺装修已然成为商家壮大电商业务的标配，被列为店铺推广的重点工作之一。买家进入网店店铺，只能透过店铺装修、商品图片、说明文案来感知产品的性能和品质。一个好的淘宝店铺装修能吸引更多的买家，帮助店主在竞争中脱颖而出。本章以三星天猫旗舰店的装修为例，详细讲解电商店铺装修的相关理论知识，重点介绍店铺详情页的结构、关联页的基本概念以及列表页的3种表现形式。

8.1 项目介绍

8.1.1 项目概述

三星集团成立于1938年，是全球500强企业。三星集团旗下的子公司包括：三星电子、三星物产、三星航空、三星人寿保险等，业务涉及电子、金融、机械、化学等众多领域。

三星旗下主营产品包括：手机、数码影音、计算机等。为抓紧春节营销的有利时机，三星电子着手对天猫官方旗舰店进行装修改造，大力推广企业目前新上市的三星Note9等电子产品，以提高线上销售业绩。

8.1.2 项目设计要求

（1）整体要求：界面简洁、大气，极具视觉冲击力；界面的主体颜色要符合春节的特点，尽量能够通过页面的视觉效果，提高店铺的转化率。

（2）整体结构：要求使用卡片化的形式设计每个模块，帮助用户快速了解每个模块的内容；模块之间有足够的留白空间，整体页面具有透气感。

（3）网页配色：要求使用具有中国传统年味的朱红色和金色进行设计，能体现浓浓的春节促销气氛，帮助店铺实现更好的销售业绩。

（4）信息传达：要求能体现店铺春节促销的活动主题，店铺的店招、首焦、爆款区域通过文字、图片等形式，展示促销的相关内容。

8.2 电商类店铺装修相关理论

常见的电商店铺装修主要有两种形式：一种是买现成的模板，另一种是量身定做。要想在激烈的网店竞争中脱颖而出，就要做到店铺"设计独特""过目不忘"。行业属性、设计个性、设计风格是一个好的店铺装修必须遵循的三大原则。常见的电商类店铺装修主要是针对店标、店招、首页以及产品描述、促销或活动专题页等部分进行设计。

参考视频：三星天猫旗舰店——店铺视觉营销设计（1）

8.2.1 店铺首页

好的电商店铺首页主要有两个作用：一是促进商家与用户之间的交流，提高转化率；二是增强用户对店铺的黏性，提高产品的销量。首页常见的布局如图8-1所示。店铺首页一般包括页头、首焦、次屏、定期活动、单品广告、页尾等。

图8-1 首页常见的布局

1. 页头

店铺首页的页头主要包括店标、店招，这是体现店铺风格、店铺特点的地方，同时也是展示店铺实力的地方。好的页头设计可以增加用户对店铺的好感，提升店铺的整体形象。

店标即店铺的标志（Logo）。通常C2C的店铺需要设计全新的店标，如图8-2所示；而一些入驻电商平台的企业则使用原有的Logo作为店标，如图8-3所示。设计师重新设计店标的时候，要注意与行业特征相符合，以拉近商家与用户的距离；店标应尽量简单，不宜过于复杂，以增强其识别度。

图8-2 初语店铺首页店标

图8-3　乐视TV官方旗舰店首页店标

店招就是店铺的招牌，目的是让用户知道该店铺销售的产品、品牌和当前促销活动的信息，如图8-4所示。从内容上说，店招包含：店铺名称、店标、店铺广告标语、店铺收藏按钮、关注按钮、促销产品、优惠券、活动信息\时间\倒计时、搜索框、店铺公告、网址、第二导航条、旺旺、电话热线、店铺资质、店铺荣誉等信息。从功能上说，店招可以分为品牌宣传类、活动促销类、产品推广类三大类别。

图8-4　粉红大布娃娃天猫店店招

（1）品牌宣传类店招：内容包括店名、店标、店铺标语、关注按钮+关注人数、收藏按钮、店铺资质、搜索框和第二导航条等，如图8-5所示。使用品牌宣传类店招的店铺特点：产品有特色，店铺实力雄厚，有自己的品牌，或者正努力朝着品牌建设方向发展。

图8-5　妖精口袋天猫店店招

（2）活动促销类店招：内容包括店名、店标、店铺标语、活动信息\时间\倒计时、优惠券、促销产品、搜索框、旺旺、第二导航条等，如图8-6所示。使用活动促销类店招的店铺特点：有别于正常运营店铺，期望通过店铺活动短期集中增加流量，实现快速盈利。

图8-6　茵曼天猫店店招

（3）产品推广类店招：内容包括店名、店标、店铺标语、促销产品、促销信息、优惠券、活动信息、搜索框、第二导航条等，如图8-7所示。一般用户的视觉重点在前3个导航信息内，因此导航类目不要多于8个。设计师在进行导航设计的时候可以考虑增加小而精致的图标或者高亮显示来突出导航的内容。

图8-7 裂帛天猫店店招

2. 首焦

首焦也称为首焦海报，位于店铺首页最重要的位置，通常用来展示店铺主要推荐的产品、镇店之宝、优惠活动，协助树立店铺品牌形象。大篇幅的首焦能烘托气氛，因此节日及大型活动时会经常使用，如图8-8所示。小篇幅的首焦，比较适合展示紧凑型的明星款产品、类目，可以很好地展示某一主推的类目，如图8-9所示。

通常主题类活动的首焦海报主要为了烘托隆重、欢庆、紧张、火热的气氛，建议使用1920×700px～1920×1000px的尺寸；明星产品首焦海报以产品介绍和助推为主，建议使用1920×500px～1920×700px的尺寸。

参考视频：三星天猫旗舰店——店铺视觉营销设计（2）

图8-8 Hape天猫店首焦海报

图8-9 小米天猫官方旗舰店首焦海报

设计师在设计首焦的时候，从以下几点考虑可以使设计看起来更专业、更具档次。

（1）构图：美观且稳定。画面最重要的就是构图，无论进行怎样的设计都要确保构图的稳定感，至于到底使用什么样的构图，需要根据实际情况来定。常见的稳定构图形式有斜线构图（见图8-10）、斜对角构图（见图8-11）、垂线构图（见图8-12）、上下构图（见图8-13）。

图8-10　斜线构图

图8-11　斜对角构图

图8-12　垂线构图

图8-13　上下构图

（2）层次感：可以使用背景弱化或者模糊来突出主题，以增强画面的层次感，如图8-14所示。

图8-14 背景弱化或者模糊突出主题

（3）视觉焦点：在保证画面时尚感的同时，要营造强烈的视觉冲击感。视觉焦点一定要突出主题，如图8-15所示。

图8-15 焦点突出主题

3. 次屏

首焦下面的内容都可以称为次屏，主要用来烘托活动气氛，细化优惠信息，分区、分类引流产品，最大化地利用首页的流量资源。次屏通常可以放置类目导航和主推产品两部分内容，如图8-16所示。如果页面同时具有类目导航和主推产品两部分内容，在设计上需要弱化布局之间的对比，以更好地突出当前活动。此部分产品的价格和折扣信息一定要突出，这是提高点击率、转化率的关键。

图8-17所示为三星旧版店铺首页次屏的画面。一般情况下，次屏配合店铺的营销活动，首先放置优惠券、类目导航，然后是主推商品；由于主推的单品比较多，因此采用几何形布局和撞色、鲜艳的配色风格，突出主推单品的主题内容。

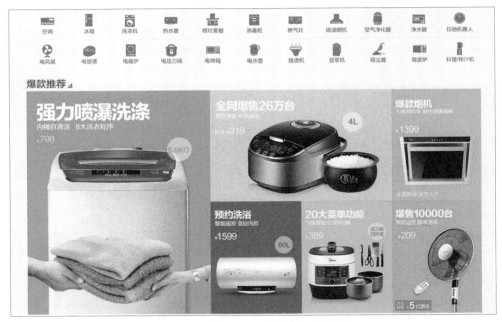

图8-16　美的天猫官方旗舰店次屏

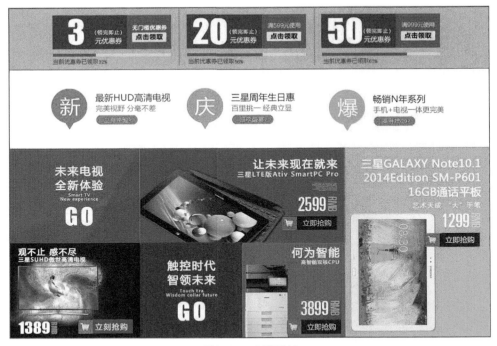

图8-17　次屏设计

4. 定期活动

定期活动展示的产品可以是新品，也可以是平日的爆款产品，以及一些并联的销售产品，如图8-18所示。设计师可以在设计的时候适当写一些文字介绍，如功效、材料等内容，或者是降价、折扣等信息，从而提高转化率。

图8-18 木玩世家旗舰店的定期活动

5. 单品广告

对于单品广告区，选用轮播的方式会更好，如图8-19所示。很多设计师会将系统自带区域删除，这样容易给用户造成不完整的感觉。系统自带区域不需要进行过多设计，只要店主自行安排好产品的前后顺序即可。

图8-19 苏泊尔官方旗舰店的单品广告

6. 页尾

页尾主要用来进行品牌的自我介绍，使用户对品牌有更多的认知，打消用户的顾虑，如图8-20所示。页尾是防止用户流失的最后一个手段，因此一定不要轻视页尾的作用。页尾内容不宜过多，否则会显得过于啰唆。

图8-20　创维冰洗天猫官方旗舰店页尾

如图8-21所示，页尾可以增加产品导航区，方便用户浏览到页尾时跳转到相关品类页面。导航的类目可以以图表的形式展现，时尚大气、识别性强。另外，页尾还可以增加第三方关注，从而通过第三方平台的推广进行产品营销，增强用户和企业的黏性；页尾保障区提供用户最为关心的客户保障，从根本上消除用户的购买顾虑，增强店铺的可信度。

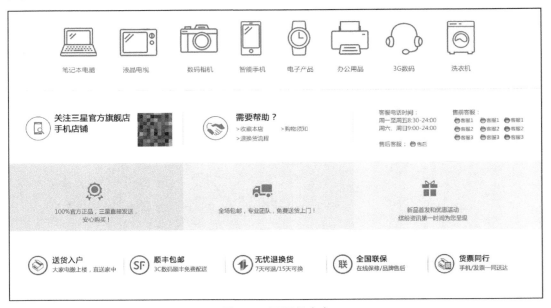

图8-21　页尾的内容

8.2.2　商品详情页

商品详情页是提高商品转化率的入口，对激发用户的消费欲望，增强用户对店铺的信任感很有帮助。常见的详情页结构如图8-22所示。

参考视频：三星天猫旗舰店——店铺视觉营销设计（3）

图8-22 详情页结构

1. 详情页结构

（1）创意海报情景大图：商品详情页的情景大图是整个页面视觉的焦点，设计师在设计大图的时候要尽量使画面符合产品特色，达到第一时间吸引买家注意力的目的。图8-23所示为某扫地机器人的商品情景大图。

图8-23 商品情景大图

（2）商品卖点介绍：主要通过图文的形式介绍商品的卖点、特性、作用、功能以及给消费者带来的好处等。图8-24所示为豪华电动按摩椅的卖点介绍。商品卖点介绍尽量遵循FAB法则，即介绍产品品质（Feature）、作用（Advantage）和好处（Benefit）。

图8-24　商品卖点介绍

（3）商品的功能信息：建议用图文的形式展示信息，可以通过可视化手段、实物对比、实景展示等方式，让用户切身感受到商品的功能，以免收到货与心理预期不符。图8-25所示为某款扫地机器人的实景展示。

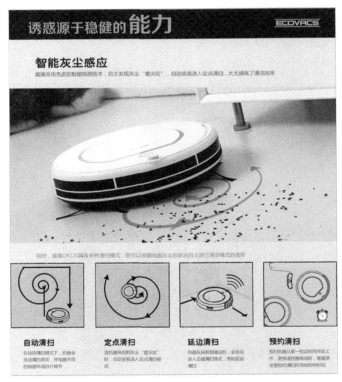

图8-25　商品功能实景展示

（4）同类商品优劣对比：可以通过商品的对比来强化卖点，不断地向用户阐述商品的优势，如图8-26所示。

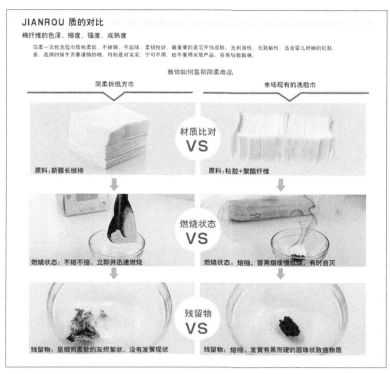

图8-26　同类商品优劣对比

（5）商品全方位展示：商品全方位展示可以加深用户对商品的了解，增强其购买欲望。如图8-27所示为某女装的全方位展示，以增强用户对该服装的穿着感的认知。

（6）商品细节图片展示：商品的细节图片要清晰且富有质感，配合相关的文案介绍会起到更优的营销效果，如图8-28所示。

（7）产品包装展示：产品包装展示主要包括产品的外包装、店铺或产品的资质证书、品牌或店面的内容。这些内容可以烘托品牌的实力，增强用户对品牌的认同感。

（8）售后保障/常见问题/物流：这是产品详情页的页尾，通过售后保障、常见问题答疑、物流保障等信息的展示，可以增强用户对店铺的信任感，减少店铺客服的压力。这类内容包括7天无理由退换货、几天发货、发什么快递、大概几天到货、产品出现质量问题如何解决等。

2．商品详情页UI设计的注意事项

商品详情页是电商网站中最容易与用户产生交集共鸣的页面，详情页的设计极有可能会对用户的购买行为产生直接的影响。设计师在设计详情页的时候可以遵循"引发兴趣→激发潜在需求→赢得客户信任→替客户做决定"的基本顺序。

商品详情页UI设计的注意事项如下。

（1）商品展示图不宜过大：商品详情页中的图片是用户进入该页面后的第一个视觉点，展示图不宜过大，应考虑到右侧文字信息对于用户的重要性。对于图片展示的鼠标悬停效果，建议通过点击后再体现，避免鼠标无意识划过时，马上呈现细节影响用户对文字的阅读。

图8-27　商品全方位展示

图8-28　商品细节图片展示

（2）保持页面连贯性：用户需要清晰地了解到商品的全部信息，以及商品为自己带来的好处。商品描述的逻辑顺序非常重要，设计师可以基于商品描述的认知规律去设计和描述商品详情页。

（3）页面不宜过长：页面长度在商品详情页的设计中是一个很常见的待解决问题。页面长度如果过长不仅会导致网页加载速度变慢，也会让用户产生视觉疲劳。详情页的高度一般控制在20屏以内，移动端控制在10屏（即4页）以内。

设计师切图的时候也要注意尺寸和大小，一般将高度控制在一定范围，这样可以保证用户在手机上浏览详情页时，图片显示和下载速度会比较好。同时，文字大小也要考虑适合各终端用户阅读，重点信息的最小字号通常大于12像素。

8.2.3　商品关联页

所谓关联页，是与当前店铺商品相关联的其他商品页面。这些商品的竞争优势往往不是特别强，不会引起买家的特别关注。所以，关联页一般出现在店铺爆款详情页中比较靠前的位置，当买家点击爆款的详情页，准备更进一步了解爆款细节时，就会先看到关联页，然后才是爆款的详细介绍。

这样的设计理念，其实与商场中的电梯位置设置相似。商场中的电梯口一般设置在远离商场入口的地方，消费者去乘坐电梯的沿途，需要经过较多的店铺。这样能让尽量多的店铺，出现在消费者的视野之内。

关联页的作用实质也就是捆绑营销，一般情况下，关联页的商品不仅要与本店铺相关联，也要与爆款有一定的关联性。假如用户现在进入店铺购买一台计算机，那么关联页中可以展示与计算机配套的相关商品，像鼠标、键盘、电脑包等。这些隐性的推销还是非常有效果的，用户往往会在看完爆款的同时，浏览与其相关的产品。图8-29所示为真维斯一件男装爆款的详情页，红色方框范围内即为关联页，其中还推荐了真维斯其他商品。图8-30所示为京东商城的优惠套装模块，也为买家推荐了一些优惠套装商品。

图8-29　真维斯关联页

图8-30　京东商城优惠套装

8.2.4 商品列表页

商品列表页也被称为商品聚合页，其作用是为消费者提供更完善的商品种类选择。这类列表页是买家通过关键字检索相关品类时，平台根据商品或店铺的排名，将同类商品及店铺进行排序的页面。

商品列表页的最大特点是信息量大、图片多，因此其页面布局是否清晰、合理，以及如何尽可能压缩内容是其设计的重点。目前，国内电商网站的商品列表页常见表现形式有3种，即网格分布式（见图8-31）、瀑布流式（见图8-32）、特别款突出式（见图8-33）。其中，特别款突出式实际上是买家鼠标经过或悬停在商品图片上时，图片临时放大的交互效果。

网格分布式、瀑布流式、特别款突出式这3种形式各有特点。当商品的种类多且繁杂时，规规整整的网格排列方式更利于用户找到浏览规律；瀑布流的形式则更多用于在时尚流行领域的商品中；特别款突出的方式可以为一些节日活动的促销、宣传而准备。设计师应该根据商品特色选择最合适的表现手法。

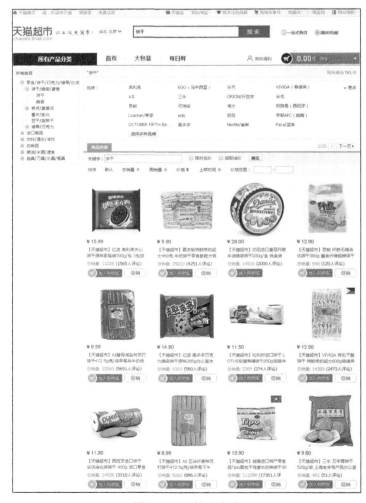

图8-31　网格分布式

图8-32 瀑布流式

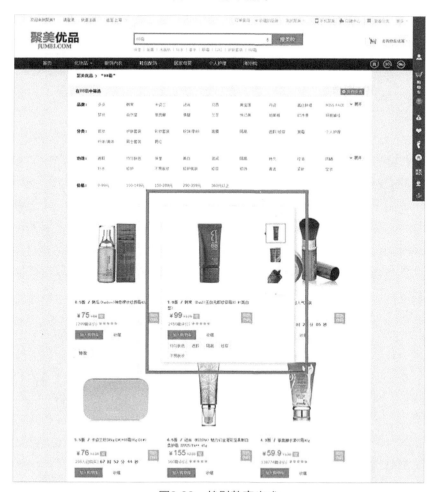

图8-33 特别款突出式

除首页、列表页、关联页、详情页以外，电商网站常见的页面类型还包括：登录\注册页、确认购买页、支付页、个人中心等，这些页面通常是从页面的功能实用性入手，设计师可以参照成熟电商网站的页面进行设计。

8.3 项目设计规划

设计师在进行店铺装修设计之前要充分进行市场调研，规避同款，同时也要做好消费者调研，分析消费者的消费能力、消费喜好，以及消费者所关心的其他问题等。

8.3.1 项目需求分析

1. 竞争对手分析

设计师在分析竞争对手的时候，可以在不同电商平台寻找同类型产品的设计风格和设计方案，从中对自己要设计的产品进行风格定位。

此次需要进行店铺装修的三星天猫旗舰店拟定三星Note9及A8s系列的智能手机为主推产品，在分析竞争对手的时候可以针对天猫商城的小米官方旗舰店及华为官方旗舰店进行分析，如图8-34和图8-35所示。

（1）店铺活动：小米与华为官方旗舰店目前都已经上线新春版的店铺活动，两家店铺在店招、首焦、优惠信息区域都有活动的相关提示，以及优惠促销信息。

（2）页面风格：小米官方旗舰店采用扁平化的设计风格，使用了7种色彩作为首页的背景，色彩缤纷绚丽，能对每个模块进行有效区分。华为官方旗舰店采用轻质感的设计，用红色渐变的背景色使新年的促销氛围更为明显。

（3）页面结构：小米与华为官方旗舰店均采用较为传统、平稳的结构，有效保证了页面信息内容的可读性。两家店铺的商品展示区域的高度都较高，包含的内容较多，从手机到笔记本电脑、智能穿戴商品，琳琅满目。

通过分析两家店铺的装修情况，设计师可以参考竞品中的优势，从而更好地对自家店铺的装修进行定位。

2. 用户群体分析

针对用户进行分析，可以深度挖掘商品的卖点。比如，一家卖键盘膜的店铺评价里中差评很多，大多抱怨键盘膜太薄，一般的商家可能下次直接进厚一点的货，而这个商家则直接把描述里的卖点改为"史上最薄的键盘膜！"结果出乎意料！评分直线上升，评价里都是关于键盘膜真的好薄之类的评语，直接引导并改变了消费者的心理期望，达到了非常好的效果。

设计师还应分析一些购买过其他品牌手机的用户的评价，从中了解用户关心的画面画质、运行速度、外观设计等方面的问题。本项目中，设计师确定该商品应该突出宣传的商品卖点为产品外观、高清晰度画质和8核心的超强运行速度。

图8-34　小米旗舰店

图8-35　华为旗舰店

8.3.2　项目功能和层级整理

在进行店铺装修前，电商设计师需要先了解商家的设计需求。但是，很多商家只会提出"好看就行"或者"大气""上档次"之类非常空洞的需求。因此设计师在挖掘和整理商家的需求前，可适当地罗列问题清单，通过问答的形式，深入挖掘商家的设计意图，避免反复改稿。

一般情况下，电商设计师需要明确4点：内容、风格、布局、配色。所谓内容，是指店铺要为商家展示哪些信息，如店铺目前有哪些优惠活动，导航内应该体现哪些模块等。所谓风格，不能笼统地说是扁平化的风格或者高大上、震撼的效果，设计师可以找一些同行的店铺页面提供给商家作参考，让商家从中选择一种视觉风格。所谓布局，即页面内容的结构形式以及元素摆放方式，设计师在开始设计前，有必要先梳理商家提供的需求点，梳理后再整理出页面的原型线框图提供给商家，以明确页面内容的布局。最后需要确定的是配色，配色其实是相对简单的内容，可以在确定风格的同时，咨询商家的意见，确定大体的色彩搭配方案。

三星天猫旗舰店的功能层级如图8-36所示。

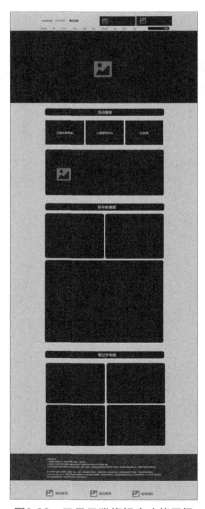

图8-36　三星天猫旗舰店功能层级

（1）页面风格：为区别于两家竞品公司的设计特点，三星旗舰店在设计时，采用近年来较为流行的剪纸风格，主视觉大图部分采用具有传统特色的镂空剪纸进行设计，以彰显中国的年味。

（2）页面布局：为保证设计的时效性，页面的布局结构采用较为传统的楼层展现方式，以提高设计的效率。另外，每个模块的内容采用卡片化的设计，在卡片内对文案与产品进行合理的排版。

（3）页面配色：根据商家的需求进行色彩搭配，以红色作为背景色，以金色、黑色作为文字颜色，以白色作为卡片的颜色。

（4）页面内容：在店招以及Banner方面，以产品推广为主，主推三星目前新上市的两款手机；在Banner图下方设置活动看板，买家可以详细了解店铺内的新年活动以及优惠信息；在商品展示区域，主要展示三星的手机以及手提电脑；页尾部分需要设置客户联系方式、售前与售后咨询信息。

8.4　电商类店铺首页UI设计实操

三星天猫旗舰店首页设计完成效果如图8-37所示。

图8-37　首页的最终效果图

8.4.1 首屏区域设计

三星天猫旗舰店首屏区域UI设计完成效果如图8-38所示。

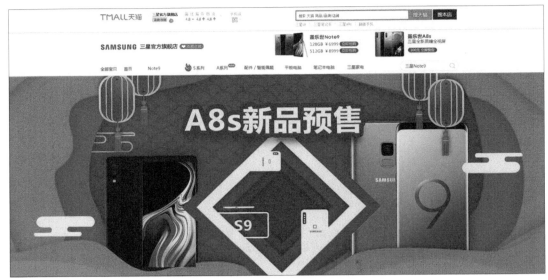

图8-38 首屏区域

（1）店招设计：采用活动促销类店招，加入三星的企业Logo以及最新上市的Note9以及A8s系列产品；在配色方面，使用白色作为背景，与天猫商城固定的页头颜色统一；在Logo右侧设置店铺收藏功能；在店招右侧设置搜索栏，完成效果如图8-39所示。

图8-39 店招设计

（2）首焦设计。

① 底层花纹背景设计：使用钢笔工具绘制一个暗红色任意多边形，并为其添加内阴影图层样式；使用椭圆工具绘制一个椭圆，并将其定义为画笔，调整画笔间距参数，拉大圆之间的距离；长按Shift键拖动鼠标绘制一排鱼鳞纹理，将其复制多份并与暗红色的多边形做剪切蒙版处理，完成效果如图8-40所示。

② 其他剪纸背景设计：使用钢笔工具继续绘制其他镂空剪纸的图层，并同样添加内阴影图层样式，此处要注意暗红色多边形位于所有镂空剪纸图层的上方，镂空范围越大的图层，其图层顺序越靠下，图层的相互堆叠可以造成错觉，让观者以为图层是镂空的效果，实则是多个任意多边形堆叠而来。完成效果如图8-41所示。

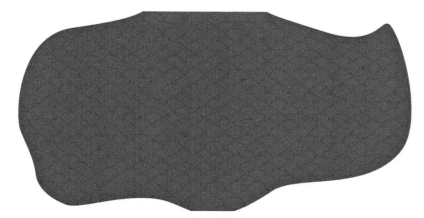

图8-40　底层花纹背景

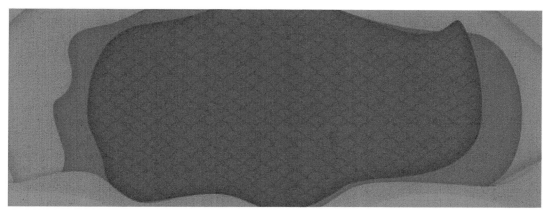

图8-41　剪纸背景

③ 产品布局：置入三星旗舰店主推的最新手机品牌；注意产品的色彩与光影关系，一般产品图在白色灯光下拍摄，此处为红色的环境，可以通过调整层适当让其色彩偏于红色；另外手机夹在剪纸层中间，所以会在剪纸上形成柔和的阴影。完成效果如图8-42所示。

图8-42　产品布局

④ 文案排版：主文案使用微软雅黑加粗字体，并添加朱红色外部描边图层样式以及投影效果；使用矩形绘制正方形，并添加黑色内发光图层样式，复制多份正方形并缩小和修改颜色；将所有正方形进行排序（注意：最小的正方形在最上方，最大的正方形在最下方，形成镂空的效果）；使用圆角矩形工具绘制手机的基本轮廓，使用图层蒙版将手机多余的部分进行隐藏、遮挡。完成效果如图8-43所示。

图8-43　文案排版

⑤ 灯笼与祥云设计：使用圆角矩形与椭圆工具绘制灯笼与祥云的基本轮廓；使用柔角边缘画笔在基本图形的基础上涂抹，进行剪切蒙版处理，将画笔绘制出来的图层设置为叠加的混合模式，从而制作灯笼的发光效果；先绘制3个圆角矩形，中间凹下去的地方可以再绘制两个圆角矩形与基本图形进行相减，从而制作出祥云。最终完成效果如图8-44所示。

图8-44　添加装饰

【素材位置】素材/第8章/01三星天猫旗舰店UI设计

8.4.2　商品展示区域设计

三星天猫旗舰店商品展示区域设计完成效果如图8-45所示。

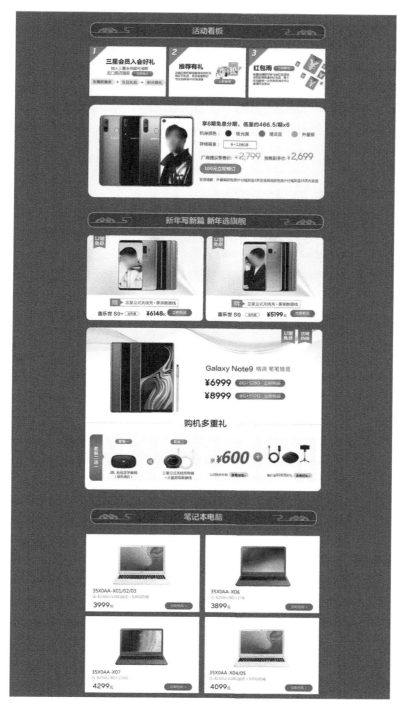

图8-45　商品展示区域

三星天猫旗舰店商品展示区域设计步骤如下。

（1）活动看板区域设计：活动看板区域一般会放置当前店铺的促销活动介绍、活动优惠券、红包、会员好礼、客服信息等内容，还可以放置店铺内的爆款，吸引买家购买。图8-46所示为活动看板区域完成效果，通过数字编号的形式，将3类优惠分别进行展示；在优惠信息以下的区域还增加了爆款预定的面板。

图8-46　添加装饰

（2）楼层设计：楼层与楼层之间的设计，需要注意统一性与差异化。统一性与差异化并不是对立的存在。如图8-47和图8-48所示，当前两个模块为了视觉上的统一，标题装饰形式是一致的；但是在分割楼层的各个模块时，智能手机模块采用的是上下结构，而笔记本电脑模块采用的是均分网格式分布，从而让两个模块之间存在了差异，不至于重复、单调。另外，同一楼层中横向排布的商品，原则上不超过5个，可以是1～4个，这样版面显得不过分拥挤。

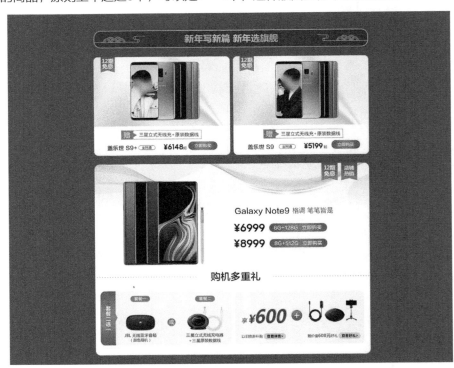

图8-47　智能手机模块

图8-48 笔记本电脑模块

【素材位置】素材/第8章/01三星天猫旗舰店UI设计

编者注：本案例中仅展示了智能手机及笔记本电脑两个品类的楼层，在部分店铺中，可能会设计4个及以上的楼层，以展示更多的商品。

8.4.3 页尾区域设计

三星天猫旗舰店页尾区域设计完成效果如图8-49所示。

图8-49 页尾区域设计效果

三星天猫旗舰店页尾区域设计步骤如下。

（1）自定义页尾区域设计：商家可以在首页的页尾自定义一些模块内容，帮助买家更好地了解店铺以及店铺内的其他商品，提升用户体验。图8-50所示为三星天猫旗舰店页尾的自定义模块，通过简单的文字内容对店铺内商品的价格进行简要说明；另外还放置了售前、售后服务以及购物须知等内容。

图8-50　自定义页尾内容

（2）天猫商城固定页尾：所有天猫旗舰店的页尾使用统一的样式，包含品质保障说明以及其他版权、建站信息。此模块的内容，设计师无须进行设计，如图8-51所示。

图8-51　固定页尾

【素材位置】素材/第8章/01三星天猫旗舰店UI设计

本章作业

根据本章介绍的电商店铺装修知识及技巧，设计韩束官方旗舰店的界面，如图8-52所示。最终完成效果可与提供的参考图有所区别。具体设计要求如下。

（1）结构完整：必须包含完整的店铺结构，即店招、首焦、优惠信息、爆款、客服联系、商品展示区域以及自定义的页尾，其中商品展示区域的楼层不少于3个。

（2）主题明确：韩束官方旗舰店本期的主题为"38女生节"，页面中可以通过首焦、优惠券、爆款展示等版块，突出"38女生节"优惠多的特点，吸引买家购买，提升店铺流量。

（3）风格清晰：要求以精致、可爱、活泼的风格展示店铺首页，迎合女生的个性特点；具体可通过页面的装饰元素、配色来展现女生清新、雅致的群体特征。

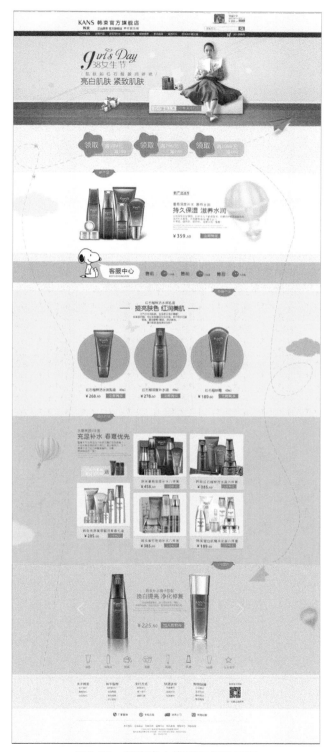

图8-52　韩束官方旗舰店首页界面

【素材位置】素材/第8章/02韩束官方旗舰店首页UI设计